ISO 22000:2018
食品安全マネジメントシステム
要求事項の解説

ISO/TC 34/SC 17 食品安全マネジメント
システム専門分科会　監修

湯川剛一郎　編著

日本規格協会

著作権について

　本書には，ISO 22000:2018 の日本語訳全文を収録しています（"まえがき"を除く）．

　本書は，ISO と当会との間で締結した翻訳協定に基づいて当会が翻訳・発行するものです．本書に収録した ISO 22000:2018 の日本語訳は著作権法により保護されています．本書の一部又は全部について当会及び ISO の許可ない引用，転載，複製，著作権法に抵触する一切の利用を固く禁じます．

　本書に収録した ISO 22000:2018 の日本語訳に疑義があるときは ISO 規格原文に準拠してください．日本語訳のみを使用して生じた不都合な事態に関して当会及び ISO は一切の責任を負いません．原文のみが有効です．

はじめに

　快適な社会生活を営む上で，食の安全確保は基本的な要素の一つである．このため，人々は古くより食品安全リスクの低減化に向かって限りなく，かつ，多様な努力を積み重ねてきたところである．現代では，食品の国際化，広域化がすすみ，世界各地で生産，製造された，多様，かつ，大量の食品が，国内外市場に流通しており，フードチェーンにおけるリスク管理の重要性はますます高まっている．

　こうしたなか，2018年の食品衛生法改正により，HACCPの制度化が行われることとなった．この法改正により，我が国でもHACCPへの取組みが求められることとなり，業界の状況に配慮しつつ制度化への対応が進められている．また，より高度な食品の安全管理体制を確立するため，ISO 22000による認証，ISO 22000を基本とする認証スキームであるFSSC 22000，我が国発の食品安全マネジメントシステム（FSMS）のスキームであるJFSが開発されるなどFSMSを巡る状況も変化している．

　今回ISO 22000は，2005年に発行されて以来，初めての改訂となった．この間，ISOにおいてマネジメントシステムの上位構造（HLS）が開発されたほか，マネジメントシステムにおいてリスク及び機会への取組みが求められるなどMSを巡る環境の変化があり，ISO 22000についてもそれらに対応する必要があったことが改訂の主な理由である．

　本書は，2部構成でISO 22000を解説している．第1部ではISO 22000の成立，改訂の経緯・特徴について解説し，第2部では規格の要求事項を逐条解説している．

　また本書は，この規格を正しく解釈し，理解していただくことを目的としているため，日本代表として規格作成に参画し，携わったISO/TC 34/SC 17食品安全マネジメントシステム専門分科会が監修を行った．FSMSを構築する際に，少しでもお役に立てれば幸いである．

最後に，多忙にもかかわらず，本書を監修していただいた ISO/TC 34/SC 17 食品安全マネジメントシステム専門分科会の各委員，並びに国際会議への対応，コメントのとりまとめ，資料整理などで委員会活動を支えていただいた独立行政法人農林水産消費安全技術センター（FAMIC）に記して感謝の意を表したい．

　2018 年 12 月

ISO/TC 34/SC 17
食品安全マネジメントシステム専門分科会
委員長　湯川剛一郎

ISO/TC 34/SC 17
食品安全マネジメントシステム専門分科会

委員長　湯川剛一郎*　　湯川食品科学技術士事務所
　　　　　　　　　　　　（前 国立大学法人東京海洋大学 教授）
委　員　荒木惠美子*　　学校法人東海大学 客員教授　兼
　　　　　　　　　　　　公益社団法人日本食品衛生協会
　　　　岩崎　直子　　　イオン株式会社
　　　　大西　吉久　　　公益社団法人日本べんとう振興協会
　　　　小久保彌太郎*　公益社団法人日本食品衛生協会
　　　　小山　　郁　　　日本マクドナルド株式会社
　　　　新宮　和裕　　　合同会社チームみらい技術士事務所　兼
　　　　　　　　　　　　日本食糧新聞社
　　　　鈴木　隆一　　　株式会社日清製粉グループ本社
　　　　豊福　　肇*　　国立大学法人山口大学 教授
　　　　中川　　梓　　　一般財団法人日本規格協会
　　　　長瀬健一郎　　　公益財団法人日本適合性認定協会
　　　　三浦　重孝　　　サクラグローバルホールディング株式会社
　　　　森廣　義和*　　一般財団法人日本品質保証機構　兼
　　　　　　　　　　　　日本マネジメントシステム認証機関協議会

（注　*は解説文の執筆者であることを示す．）

事務局　独立行政法人農林水産消費安全技術センター

（敬称略，所属は執筆当時）

目　　次

はじめに

第 1 部　ISO 22000:2018 改訂の経緯

1. ISO 22000:2005 発行までの経緯 …………………………………… 15
2. ISO 22000:2005 成立の経緯 ………………………………………… 15
3. 2009 年の定期見直し ………………………………………………… 16
4. 2014 年の定期見直し ………………………………………………… 17
5. ISO 22000 の特徴 …………………………………………………… 20
   5.1 監査可能な規格であること …………………………………… 20
   5.2 ISO 9001 との比較 ……………………………………………… 20
   5.3 他規格との両立性 ……………………………………………… 21
   5.4 ISO 22000 が対象とする業種 ………………………………… 21
   5.5 中小企業への配慮 ……………………………………………… 22
   5.6 コーデックス委員会の HACCP 12 手順との関係 ………… 23
   5.7 更新の要求 ……………………………………………………… 24
   5.8 リスク及び機会への取組み …………………………………… 24
6. ISO 22000 の関連規格 ……………………………………………… 25

第 2 部　ISO 22000 の要求事項とその解説

■第 2 部の目的と構成 ………………………………………………… 29
序文 …………………………………………………………………… 30
   0.1 一般 ……………………………………………………………… 30

0.2 FSMS の原則 …………………………………………………… 31
0.3 プロセスアプローチ ………………………………………… 33
　0.3.1 一般 …………………………………………………… 33
　0.3.2 Plan-Do-Check-Act サイクル ……………………… 34
　0.3.3 リスクに基づく考え方 ……………………………… 36
　　0.3.3.1 一般 ………………………………………… 36
　　0.3.3.2 組織のリスクマネジメント ……………… 37
　　0.3.3.3 ハザード分析―運用のプロセス ………… 38
0.4 他のマネジメントシステム規格との関係 ………………… 38
1 適用範囲 ……………………………………………………………… 41
2 引用規格 ……………………………………………………………… 42
3 用語及び定義 ………………………………………………………… 42
　3.1, 3.2, 3.3……46／3.4, 3.5……47／3.6, 3.7, 3.8……48／
　3.9……49／3.10, 3.11……50／3.12, 3.13……51／3.14, 3.15……52／
　3.16, 3.17……53／3.18, 3.19……54／3.20, 3.21……55／3.22……56／
　3.23, 3.24……58／3.25, 3.26, 3.27……59／3.28, 3.29……61／
　3.30……62／3.31, 3.32……63／3.33, 3.34……64／3.35, 3.36……65／
　3.37, 3.38……66／3.39……67／3.40, 3.41……68／3.42, 3.43……69／
　3.44, 3.45……70
4 組織の状況 …………………………………………………………… 72
　4.1 組織及びその状況の理解 …………………………………… 72
　4.2 利害関係者のニーズ及び期待の理解 ……………………… 74
　4.3 食品安全マネジメントシステムの適用範囲の決定 ……… 76
　4.4 食品安全マネジメントシステム …………………………… 77
5 リーダーシップ ……………………………………………………… 79
　5.1 リーダーシップ及びコミットメント ……………………… 79
　5.2 方針 …………………………………………………………… 81
　　5.2.1 食品安全方針の確立 ………………………………… 81

5.2.2　食品安全方針の伝達 ································· 82
　5.3　組織の役割，責任及び権限 ································· 83
　　5.3.1 ··· 83
　　5.3.2 ··· 85
　　5.3.3 ··· 85
6　計画 ·· 87
　6.1　リスク及び機会への取組み ································· 87
　　6.1.1 ··· 87
　　6.1.2 ··· 88
　　6.1.3 ··· 89
　6.2　食品安全マネジメントシステムの目標及びそれを達成するための計画策定 ································· 91
　　6.2.1 ··· 91
　　6.2.2 ··· 93
　6.3　変更の計画 ·· 94
7　支援 ·· 96
　7.1　資源 ·· 96
　　7.1.1　一般 ··· 96
　　7.1.2　人々 ··· 97
　　7.1.3　インフラストラクチャ ······························· 98
　　7.1.4　作業環境 ·· 99
　　7.1.5　外部で開発された食品安全マネジメントシステムの要素 ········ 100
　　7.1.6　外部から提供されるプロセス，製品又はサービスの管理 ········ 101
　7.2　力量 ··· 103
　7.3　認識 ··· 105
　7.4　コミュニケーション ··· 106
　　7.4.1　一般 ·· 106
　　7.4.2　外部コミュニケーション ····························· 108

7.4.3　内部コミュニケーション ……………………………………………… 110
7.5　文書化した情報 ……………………………………………………………… 113
　7.5.1　一般 …………………………………………………………………… 113
　7.5.2　作成及び更新 ………………………………………………………… 117
　7.5.3　文書化した情報の管理 ……………………………………………… 118
　　7.5.3.1 ……………………………………………………………………… 118
　　7.5.3.2 ……………………………………………………………………… 119
8　運用 ………………………………………………………………………………… 122
8.1　運用の計画及び管理 ………………………………………………………… 123
8.2　前提条件プログラム（PRPs） ……………………………………………… 124
　8.2.1 ………………………………………………………………………… 124
　8.2.2 ………………………………………………………………………… 125
　8.2.3 ………………………………………………………………………… 126
　8.2.4 ………………………………………………………………………… 127
8.3　トレーサビリティシステム ………………………………………………… 129
8.4　緊急事態への準備及び対応 ………………………………………………… 130
　8.4.1　一般 …………………………………………………………………… 130
　8.4.2　緊急事態及びインシデントの処理 ………………………………… 131
8.5　ハザードの管理 ……………………………………………………………… 132
　8.5.1　ハザード分析を可能にする予備段階 ……………………………… 132
　　8.5.1.1　一般 ……………………………………………………………… 132
　　8.5.1.2　原料，材料及び製品に接触する材料の特性 ………………… 133
　　8.5.1.3　最終製品の特性 ………………………………………………… 135
　　8.5.1.4　意図した用途 …………………………………………………… 137
　　8.5.1.5　フローダイアグラム及び工程の記述 ………………………… 138
　　　8.5.1.5.1　フローダイアグラムの作成 ……………………………… 138
　　　8.5.1.5.2　フローダイアグラムの現場確認 ………………………… 141
　　　8.5.1.5.3　工程及び工程の環境の記述 ……………………………… 141

8.5.2 ハザード分析	143
8.5.2.1 一般	143
8.5.2.2 ハザードの特定及び許容水準の決定	146
8.5.2.2.1	146
8.5.2.2.2	147
8.5.2.2.3	149
8.5.2.3 ハザード評価	150
8.5.2.4 管理手段の選択及びカテゴリー分け	152
8.5.2.4.1	152
8.5.2.4.2	155
8.5.3 管理手段及び管理手段の組合せの妥当性確認	158
8.5.4 ハザード管理プラン（HACCP/OPRP プラン）	160
8.5.4.1 一般	160
8.5.4.2 許容限界及び処置基準の決定	165
8.5.4.3 CCPs における及び OPRPs に対するモニタリングシステム	166
8.5.4.4 許容限界又は処置基準が守られなかった場合の処置	169
8.5.4.5 ハザード管理プランの実施	170
8.6 PRPs 及びハザード管理プランを規定する情報の更新	171
8.7 モニタリング及び測定の管理	171
8.8 PRPs 及びハザード管理プランに関する検証	174
8.8.1 検証	174
8.8.2 検証活動の結果の分析	176
8.9 製品及び工程の不適合の管理	177
8.9.1 一般	177
8.9.2 修正	177
8.9.2.1	177
8.9.2.2	178
8.9.2.3	178

8.9.2.4 ……………………………………………………………… 179
　　8.9.3　是正処置 ………………………………………………………… 179
　　8.9.4　安全でない可能性がある製品の取扱い …………………………… 181
　　　8.9.4.1　一般 ……………………………………………………… 181
　　　8.9.4.2　リリースのための評価 …………………………………… 183
　　　8.9.4.3　不適合製品の処理 ………………………………………… 184
　　8.9.5　回収／リコール …………………………………………………… 185
9　パフォーマンス評価 …………………………………………………………… 187
　9.1　モニタリング，測定，分析及び評価 ………………………………… 187
　　9.1.1　一般 ………………………………………………………………… 187
　　9.1.2　分析及び評価 ……………………………………………………… 189
　9.2　内部監査 ………………………………………………………………… 192
　　9.2.1 …………………………………………………………………………… 192
　　9.2.2 …………………………………………………………………………… 192
　9.3　マネジメントレビュー ………………………………………………… 194
　　9.3.1　一般 ………………………………………………………………… 194
　　9.3.2　マネジメントレビューへのインプット ………………………… 195
　　9.3.3　マネジメントレビューからのアウトプット …………………… 198
10　改善 ……………………………………………………………………………… 200
　10.1　不適合及び是正処置 …………………………………………………… 200
　　10.1.1 ………………………………………………………………………… 200
　　10.1.2 ………………………………………………………………………… 202
　10.2　継続的改善 ……………………………………………………………… 203
　10.3　食品安全マネジメントシステムの更新 ……………………………… 204

参　　考

附属書A（参考）CODEX HACCP とこの規格との対比 ……………………… 208
附属書B（参考）この規格と ISO 22000:2005 との対比 ………………… 210
参考文献 …………………………………………………………………………… 215

索　引　216

第1部　ISO 22000:2018 改訂の経緯

1．ISO 22000:2005 発行までの経緯

ISO 22000 は，HACCP の7原則12手順を完全に含んでおり，さらに HACCP の運用をマネジメントシステムのもとで管理することにより，HACCP の運用をより確実なものにするとともに，継続的な改善を図ることを目指している．

ISO では ISO 22000 の 2005 年制定に先立ち，食品・飲料産業において，品質マネジメントシステムを構築し，実行するときの指針として，ISO 15161:2001 "Guidelines on the application of ISO 9001:2000 for the food and drink industry"（ISO 9001:2000 の食品・飲料産業への適用に関する指針）を作成した．

ISO 9000 ファミリー規格の活用を食品業界で促進するために，業界で利用している衛生管理システムを統合する必要があるとし，統合の実例に HACCP を選んでいた．しかしこの規格が使用されることは少なく，ISO 22000 の発行に伴い，2010 年に廃止された．

2．ISO 22000:2005 成立の経緯

食品安全マネジメントシステム（FSMS）規格の提案の背景には，EU 諸国内の流通業界の国際規格策定への強い意向があったといわれている．

FSMS 規格の NWIP（New Work Item Proposal：新業務項目提案）は，2001 年3月にデンマークにより提案された．

規格の必要性について，まず，食品に起因する健康被害を避けるため，食品

の安全性にとって危険性のある加工工程や生産条件に注目し，食品の安全性を確保するという HACCP の考え方を紹介し，食品産業の食品リスクへの対策は HACCP を通じて行われるべきであるとしている．その一方で，食品安全に対する要求事項は国や顧客ごとにばらばらな状況が見られるため，これを改善し，円滑な国際貿易を実現することが規格作成の大きな目的であった．2001 年 7 月，NWIP は ISO/TC 34 の P メンバーの賛成多数で可決された．

その後，2003 年 3 月 CD 投票，2004 年 6 月 DIS 投票，2005 年 5 月 FDIS 投票が行われ，2005 年 9 月に ISO 22000:2005 "食品安全マネジメントシステム―フードチェーンのあらゆる組織に対する要求事項" として発行された．

なお，我が国は，2002 年 5 月に ISO/TC 34 の P メンバーとなり，独立行政法人農林水産消費技術センター（現 独立行政法人農林水産消費安全技術センター）内に ISO/TC 34/WG 8 専門分科会を設置し，2003 年 3 月の CD 投票から参画し，会議への参加は 2003 年 9 月の第 4 回 WG からであった．

3．2009 年の定期見直し

2009 年に最初の定期見直しを行うか検討が行われたが，当時は認証機関（審査登録機関）に対する審査基準である ISO/TS 22003:2007 "Food safety management systems—Requirements for bodies providing audit and certification of food safety management systems"（食品安全マネジメントシステム―食品安全マネジメントシステムの審査及び認証を行う機関に対する要求事項）が発行されて間がなく，認証が本格化したところであり，規格利用者の間に混乱を招くおそれがあることから，改訂作業は行わず "確認" とされた．

4. 2014年の定期見直し

2012年にマネジメントシステム規格の上位構造（High Level Structure：HLS）がISOから公表され，ISO 9001についてもHLSに沿う形で改訂が行われ，2015年に発行されたこと，また，2009年にはISO 31000 "Risk management—Principles and guidelines"（リスクマネジメント—原則及び指針）が発行されるなど，ISO 22000を巡る環境が変化したことから，2014年に行われた定期見直しに関わる投票の結果，見直し作業が開始されることが決定した．なお，投票結果は廃止1票（ボリビア），見直し24票，確認14票，棄権5票であった．

2006年から2011年にかけて，ISOにおいて，ISO 9001，ISO 14001，ISO 22000等のISOマネジメントシステム規格（ISO MSS）の整合性を図るための検討が行われ，ISO/TMB（技術管理評議会）/TAG 13-JTCG（合同技術調整グループ）において，ISO MSSのHLS，共通テキスト（要求事項）及び共通用語・定義が開発された．このISO MSSの上位構造，共通テキスト及び共通用語・定義は，2012年2月にISO/TMBにおいて承認され，この後に制定／改訂される全てのISO MSSにおいて原則として採用することが義務付けられた．

HLSの目次は図1.1に示すとおりである．マネジメントシステムの共通部分となる"3 用語及び定義""7 支援""9 パフォーマンス評価"については，詳細に書き込まれており，2005年版と比較した場合，それらの部分が組織のマネジメントにおける新たな要求事項（差分）の主要部分となっている．

ISO 22000見直しの検討はISOのTC（技術委員会）34（食品）傘下のSC（下部委員会）17（食品安全のためのマネジメントシステム）のWG（作業グループ）8において行われた．議論が集中したのは，

① リスクに基づく考え方
② 二つのレベルのPDCAサイクル
③ 管理手段に関する定義の整理

18　第1部　ISO 22000:2018 改訂の経緯

```
序文                                    6.2 XXX 目的及びそれを達成するた
1 適用範囲                                   めの計画策定
2 引用規格                                7 支援
3 用語及び定義                              7.1 資源
4 組織の状況                                7.2 力量
  4.1 組織及びその状況の理解                  7.3 認識
  4.2 利害関係者のニーズ及び期待の理         7.4 コミュニケーション
      解                                    7.5 文書化した情報
  4.3 XXX マネジメントシステムの適用      8 運用
      範囲の決定                            8.1 運用の計画及び管理
  4.4 XXX マネジメントシステム           9 パフォーマンス評価
5 リーダーシップ                             9.1 監視，測定，分析及び評価
  5.1 リーダーシップ及びコミットメント       9.2 内部監査
  5.2 方針                                  9.3 マネジメントレビュー
  5.3 組織の役割，責任及び権限           10 改善
6 計画                                    10.1 不適合及び是正処置
  6.1 リスク及び機会への取組み              10.2 継続的改善
```

図 1.1　ISO MSS 上位構造（HLS）の目次

④　OPRP の定義の変更
⑤　外部で開発された FSMS の要素の管理
⑥　外部から提供されるプロセス，製品又はサービスの管理
⑦　法令・規制要求事項の整理

などであった．

2018 年 4 月 30 日に FDIS 投票の結果が配付された．投票した P メンバー 51 か国のうち，賛成 48 票，反対 3 票で FDIS は承認され，6 月 19 日に発行された．ISO 22000:2018 発行に合わせ，ISO 22000 適応のための指針である ISO 22004:2014 は廃止された．今後はそれに代わるガイダンス文書が作成される予定であり，2018 年現在，ワーキングチームにおいて作業が進められている．

表 1.1 に ISO 22000 の検討の経過を示す．

4. 2014年の定期見直し

表 1.1 ISO 22000 の検討の経過

時　期	事　項
2001 年 3 月	ISO で提案（NWIP 投票開始） 第 1 回〜第 3 回 ISO 専門家会合（WG 8）（コペンハーゲン） （2001 年 3 月〜2002 年 11 月）
2002 年 5 月	我が国は ISO/TC 34 の P メンバーとなる．
2003 年 3 月	CD への投票要請
9 月	ISO 第 4 回専門家会合（WG 8）
2004 年 1 月	ISO 第 5 回専門家会合（WG 8）
3 月	DIS への投票要請
6 月	ISO 第 6 回専門家会合（WG 8）
12 月	ISO 第 7 回専門家会合（WG 8）
2005 年 1 月	ISO 第 8 回専門家会合（WG 8）
5 月	FDIS への投票要請
9 月	ISO 22000 発行
2009 年 6 月	TMB において，ISO/TC 34 に食品安全のためのマネジメントシステム分科委員会（SC 17）を新たに設置することを承認 ISO/TC 34/SC 17 第 1 回総会（コペンハーゲン）
9 月	ISO/TC 34/SC 17 第 2 回総会（コペンハーゲン）
2010 年 9 月	ISO/TC 34/SC 17 第 3 回総会（アイルランド）
2011 年 10 月	ISO/TC 34/SC 17 第 4 回総会（さいたま）
2012 年 10 月	ISO/TC 34/SC 17 第 5 回総会（シドニー）
2013 年 11 月	ISO 22000:2005 見直し投票要請
2014 年 1 月	ISO/TC 34/SC 17 第 6 回総会（コペンハーゲン）
9 月	第 1 回 SC 17/WG 8（キックオフ）
9 月	WD へのコメント要請
11 月	第 2 回 SC 17/WG 8（WD について議論）
2015 年 2 月	WD 2 へのコメント要請
4 月	ISO/TC 34/SC 17 第 7 回総会（パリ）
10 月	第 3 回 SC 17/WG 8（定義について議論）
10 月	CD への投票要請
12 月	第 4 回 SC 17/WG 8（CD へのコメント検討）
2016 年 4 月	第 5 回 SC 17/WG 8（CD 2 作成のための議論）
6 月	CD 2 への投票要請
7 月	第 6 回 SC 17/WG 8（DIS 作成のための議論）
12 月	DIS への投票要請
2017 年 4 月	ISO/TC 34/SC 17 第 8 回総会（オランダ）
10 月	第 7 回 SC 17/WG 8（FDIS 作成のための議論）
2018 年 2 月	FDIS への投票要請
6 月	ISO 22000:2018 発行

5. ISO 22000 の特徴

5.1 監査可能な規格であること

ISO 22000:2018（以下，"本規格"という）は表題に"食品安全マネジメントシステム—フードチェーンのあらゆる組織に対する要求事項"とあるように，組織が FSMS を確立，運用するに当たっての要件を要求事項という形で示している．したがって，組織によって確立し，運用されている内容がこの要求事項に適合しているかどうかを監査によって判断することができる．

組織は，自らこの監査を行うこともできるし，第二者（取引先）又は第三者による監査を受けることもできる．特に第三者による監査を"審査"といい，認定された認証機関が審査を行うことにより，組織の FSMS がこの規格に適合したものであることを公平に判断できると同時に，それを認証という形で内外の関係者に示すことができる．

5.2 ISO 9001 との比較

ISO 22000 の構造は，基本的に ISO 9001 "品質マネジメントシステム—要求事項"と同様である．HLS に沿って改訂された ISO 9001:2015 に基づく品質マネジメントシステムの構造を図 1.2 に示す．同図は箇条 4 から箇条 10 に至る各箇条が PDCA のサイクルを構成し，品質マネジメントシステムの継続的改善につながることを示したものであり，規格全体としてマネジメントシステムの PDCA が達成されることを示している．これに対して ISO 9001:2015 の "8 運用" では，計画管理から製品及びサービスの提供，不適合なアウトプットの管理という不完全ながら小さなサイクルが形成されている．本規格では箇条 8 に是正処置まで含めており，HACCP のサイクルが完結している．

なお，本規格には"予防処置"という要求項目がない．この規格全体が予防を目的とするものであるため，直接これに対応する項目が設定されていないのである．

5. ISO 22000 の特徴　　21

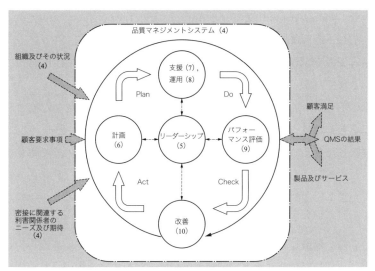

注記　（　）内の数字はこの規格の箇条番号を示す．
図1.2　品質マネジメントシステムの構造（JIS Q 9001:2015）

5.3　他規格との両立性

ISO 22000:2005（以下，"旧規格"という）では，特に ISO 9001 との関係について附属書 A（参考）に両規格の要求事項の箇条番号が対比されたことをはじめとして，ISO 9001 との両立性に深く配慮して検討が進められた．

しかし，本規格の検討に際しては，当時の ISO/DIS 9001 を参照するなど，ISO 9001 との両立性に配慮したことは事実であるが，両規格の箇条の対比表は附属書から外された．

5.4　ISO 22000 が対象とする業種

この規格が対象とする業種としては，"農場から食卓まで"と表現される従来の HACCP の適用範囲，つまり農産物を生産，製造加工して，それらを販売するという流れをさらに広げ，食品加工機器や包装容器の製造業，流通・保管など関連サービス業も含め，フードチェーン全体の業種と捉えている．これらは ISO/TS 22003:2013 "Food safety management systems—Requirements for bodies providing audit and certification of food safety management systems"（食品安全マネジメントシステム—食品安全マネジメントシステムの審査及び認証を行う機関に対する要求事項）において，附属書 A.1 として示されている．

　従来の HACCP が食品を製造・加工し，販売する業種を主な対象としていたことを考えると，本規格の適用範囲は大幅に拡大されたといえる．そのため，従来経験したことのない，食品を製造しない業種における"ハザード分析"が要求されることになる．確かに，食品安全ハザードを生物的，化学的，物理的と捉えた場合，洗剤や包装材料用プラスチックは食品に様々な化学物質を持ち込む危険がある．また，食品加工機器についても，機械の潤滑剤としての化学物質，部品が破損した場合の物理的な異物，洗浄性の良否は微生物汚染に直結するなど，食品安全ハザードに関連している．HACCP で用いられる"ハザード分析"の根底にあるのは"FMEA"（Failure Mode Effect Analysis：故障モード影響分析）という考え方であり，どの業種にも適用できるものである．なお，ISO/TS 22002-6:2016 "Prerequisite programmes on food safety—Part 6: Feed and animal food production"（食品安全のための前提条件プログラム第 6 部：飼料及び動物用食品の生産）では，食品の生産に結び付かない動物の食料を対象に含めており，ペットフードについても対象とすることが可能である．

5.5　中小企業への配慮

　本規格の要求事項は広範であり，中小企業やこれから取り組もうとしている企業では，これらの要求事項に完全に対応することは容易ではない．2005 年 1 月に開催された TC 34/WG 8 でもこうした点が話題になり，一部の規定について適用除外を設ける必要があるか議論が行われた．結局，本規格に適用除外は設けず，組織の大きさ，複雑さに関わりなく適用されることが"適用範囲"に明記されることとなった．しかしながら，管理手段の構築については中小企業等への配慮がなされており，本規格では箇条 7 において，外部で開発され

たFSMSの要素を採用する場合の条件を詳しく定めている．

5.6 コーデックス委員会のHACCP 12手順との関係

ISO 22000には，コーデックス委員会のHACCP適用の12手順では記載されていなかった事項がいくつか存在する．

その一つは"8.2 前提条件プログラム（PRPs）"である．コーデックス委員会のHACCP適用の指針では，"HACCPを適用するに先立ち，コーデックス委員会の食品衛生の一般原則や，適切なコーデックス委員会の食品別の実施規範や食品安全に関する要求事項に従ったGMPのような前提条件プログラムを導入する必要がある"と記載しているが，12手順に注目したHACCPの適用を行うときは手順1から始めるように錯覚され，HACCPの前提となっている各種の取組みが不明確になりがちであった．ISO 22000では，これらがHACCP適用の前提条件であることを明確に示すため，"8 運用"の中で，12手順が始まる前である8.2にPRPに関する要求事項を位置付けた．この考え方はコーデックス委員会のHACCP指針の中では，従来から，HACCPはそれ単独では機能せず，PRPが重要であるといわれていた要素を要求事項として明確にしたものである．

二つ目は"オペレーションPRP"である．これについては，第2部の"3 用語及び定義"の3.30（62ページ）を参照されたい．

三つ目は"8.5.3 管理手段の組合せの妥当性確認"である．特定された各食品安全ハザードに対して選択されたOPRPとCCP（ハザード管理プラン）が本当に機能するかどうかをあらかじめチェックすることを要求している．コーデックス委員会のHACCP適用の12手順では，手順11において"可能であればHACCPシステムの全ての要素の有効性を確認する活動を妥当性確認の活動に含むべきである．"と記しているのみである．ISO 22000では，各食品安全ハザードに対する管理手段の組合せ（HACCPプランとOPRP，OPRP同士など）の妥当性確認を行うことを要求している．

このようにISO 22000では，HACCPの構築に当たって，コーデックス委

員会の HACCP 適用の 12 手順を用いながらも，その不足分を補い，HACCP の導入が初めてとなる組織に対しても，十分に満足のいく FSMS の構築が可能となるような要求事項となっている．

5.7　更新の要求

"8.6 PRP 及びハザード管理プランを規定する事前情報並びに文書の更新"は，いったん確立した OPRP や CCP についても，それらを確立するために用いた情報に変更が生じた場合，これらの変更に OPRP や CCP が追従できるように，必要な文書の更新を組織に要求している．

　これは，安全な食品を提供する上で，重要な役割を果たす OPRP や CCP について，その前提となる情報が外部情報であれば，常に最新のものを取り入れ，自社の製品の安全にとって重要な最新の情報としてそれを評価すること，また内部情報については，設計上の変更，工程の変更，販売条件の変更などが製品の安全にとってどのような影響があるか，それらの評価をタイムリーに行い，必要な変更を迅速に行うことである．

　内部及び外部からの様々な情報をインプットとして，システム全体を常に適切なものに保つように更新を行うのが "8.6 PRP 及びハザード管理プランを規定する事前情報並びに文書の更新" の要求事項である．

5.8　リスク及び機会への取組み

ISO 31000:2009 "Risk management—Principles and guidelines"（リスクマネジメント—原則及び指針）［注　2018 年 6 月に改訂版（"Risk management—Guidelines"）が発行されている］において，"risk" の定義として "目的に対する不確かさの影響" が採用され，影響には期待されていることから好ましくない方向への乖離だけでなく，好ましい方向も含まれることが注記に記載された．また，"ある機会（opportunity）を追求しないことに伴うリスクを特定することが重要である．"（5.4.2）とされたことに伴い，その後の各種マネジメントシステム規格の改訂において "機会" をどう取り扱うか議論が行わ

れてきた．

　本規格では，機会について，"6.1 リスク及び機会への取組み"で，取り組むべき機会を決定し，取組みの計画を立てることとし，"9.3 マネジメントレビュー"ではリスク及び機会並びにこれらに取り組むためにとられた処置の有効性のレビューをインプットに含めることとされている．機会を活用し，新たなコントロール手段，あるいは工程の変更を含む抜本的な対策を講ずることにより一層の安全性向上，生産性や品質改善の可能性など，望ましい影響を増大させ，望ましくない影響を防止又は低減することが求められている．なお，リスク及び機会に取り組むためにとる処置は，無条件に追求されるものではなく，食品安全要求事項への影響，顧客への食品及びサービスの適合性，並びにフードチェーン内の利害関係者の要求事項と見合ったものでなければならないとされている．

　機会への対応が導入されたことにより，組織としては，様々なオプションの中からなぜその対応策を選択したのか，選択に際して機会を活かすことを考えたのか，判断の根拠の説明が求められるようになる．改善への姿勢が問われるようになったといえる．

6．ISO 22000 の関連規格

　ここでは，ISO 22000 に関連性が高く，重要と思われる規格や文書をそれぞれの番号・名称とともに，開発から制定までの経緯を紹介する．なお，情報は執筆時点のものであり，その後の動向に留意されたい．

(1) ISO/TS 22002-1

　ISO/TS 22002-1 は "Prerequisite programmes on food safety—Part 1: Food manufacturing"（食品安全のための前提条件プログラム―第1部：食品製造）であり，食品製造分野における前提条件プログラムについての具体的な要求事項を規定した TS である．同 TS は，BSI（英国規格協会）発行の PAS

220:2008 を基本として，2009 年 12 月に発行された．

(2) ISO/TS 22002-2

ISO/TS 22002-2 は"Prerequisite programmes on food safety—Part 2: Catering"（食品安全のための前提条件プログラム―第 2 部：ケータリング）であり，ケータリング・レストラン・給食等のフードサービスにおける TS として，2013 年 1 月に発行された．

(3) ISO/TS 22002-3

ISO/TS 22002-3 は"Prerequisite programmes on food safety—Part 3: Farming"（食品安全のための前提条件プログラム―第 3 部：農業）であり，農畜水産物の生産における TS として，2011 年 12 月に発行された．

(4) ISO/TS 22002-4

ISO/TS 22002-4 は"Prerequisite programmes on food safety—Part 4: Food packaging manufacturing"（食品安全のための前提条件プログラム―第 4 部：食品容器包装の製造）であり，食品容器包装の製造における TS として，2013 年 12 月に発行された．

(5) ISO/TS 22002-5

ISO/TS 22002-5 は"Prerequisite programmes on food safety—Part 5: Transport and storage"（食品安全のための前提条件プログラム―第 5 部：輸送及び保管）であり，フードチェーンにおける輸送及び保管のための TS として 2019 年 9 月に発行された．

(6) ISO/TS 22002-6

ISO/TS 22002-6 は"Prerequisite programmes on food safety—Part 6: Feed and animal food production"（食品安全のための前提条件プログラム―

第6部：飼料及び動物用食品の生産）であり，飼料及びペットフードを含む動物用食品の生産における TS として，2016年4月に発行された．

(7) ISO/TS 22003

ISO/TS 22003 は"Food safety management systems—Requirement for bodies providing audit and certification of food safety management systems"（食品安全マネジメントシステムの認証機関のための要求事項）であり，食品安全マネジメントシステムの認証を行う組織，いわゆる認証機関に対する要求事項をまとめたものである．これは，技術仕様書（Technical Specification：TS）として，ISO/TC 34 と ISO/CASCO（Committee on Conformity Assessment：適合性評価委員会）の共同作業グループ JWG 11 で検討され，2007年2月に発行され，2013年に改訂版が発行された．2017年4月から定期見直しが行われている．

(8) ISO 22005

ISO 22005 は"Traceability in the feed and food chain—General principles and basic requirements for system design and implementation"（飼料及びフードチェーンにおけるトレーサビリティシステムの設計及び実施のための一般原則及び基本要求事項）であり，TC 34/WG 9 で検討され，2007年7月に発行された．

(9) ISO/TS 22004

ISO/TS 22004 は"Food safety management system—Guidance on the application of ISO 22000:2005"（食品安全マネジメントシステム—ISO 22000:2005 適用のための指針）は，TS として，TC 34/WG 8 で検討され，2005年11月に発行された．2014年には改訂版が発行されたが，本規格の発行に伴い，2018年に廃止された．内容は"How to use ISO 22000"などをもとに，新たに作成されるガイダンス文書に含められる予定である．

(10) ISO 22006

ISO 22006 は"Guidelines on the application of ISO 9001:2008 for crop production"(農業生産における ISO 9001:2008 適用のための指針)として,TC 34/WG 12 で検討され,2009 年 12 月に発行された.

第 2 部　ISO 22000 の要求事項とその解説

■第 2 部の目的と構成

　第 2 部では本規格について解説する．本規格を理解する上で最も重要な点は，ISO マネジメントシステムの上位構造（HLS）が採用されたことである．HLS には"共通の用語""共通の章構成"及び"共通の要求事項"の三つが含まれており，ISO 9001 及び ISO 14001 においては，すでに 2015 年の改訂で採用されている．各種の ISO マネジメントシステムの要求事項をこのような共通の概念で構成することの目的は，複数のマネジメントシステムを統合して運用する場合の便宜性を増すことにある．ISO では，全てのマネジメントシステムにこの HLS を採用すると決定しており，ISO 22000 の今回の改訂もこの方針に基づいたものとなっている．

　HLS にある"共通の用語"とは，マネジメントシステムで普遍的に使われる用語を定めたものである．"3 用語及び定義"に定義される 45 の用語のうち，20 が共通の用語である．

　"共通の章構成"は，規格の全体が箇条 1 から箇条 10 で構成されていることを意味する．このうち箇条 4 から箇条 10 が要求事項となり，この中にシステムの PDCA が組み込まれていることが"序文"の図 1（本書では 35 ページ参照）で示されている．図の形式は異なるが，ISO 9001 や ISO 14001 にも同様の PDCA が図示されている．

　"共通の要求事項"は，箇条 4 以降の各箇条の要求事項の中に組み込まれている．箇条 4 から箇条 7 と箇条 9，箇条 10 に多く見られる普遍的な要求事項がそれである．しかし，食品安全マネジメントシステム（FSMS）を確立し，運用するに当たっては，特にそれを意識する必要はない．本書においても，共

通の要求事項を特別のものとした解説は行っていない．

以降では，規格からの引用は枠内に記載し，それぞれの解説は"❖規格解説"（箇条3は"❖用語解説"）として記述している．また，箇条4から箇条10までの解説では，"❖規格解説"で各要求事項に対して説明するとともに，より理解を深めるために，関連する事項を"❖具体的な考え方"として必要に応じて記述している．

序文

0.1 一般

> 序文
> 0.1 一般
>   食品安全マネジメントシステム（FSMS）の採用は，食品安全のパフォーマンス全体を改善するのに役立ち得る，組織の戦略上の決定である．組織は，この規格に基づいてFSMSを実施することで，次のような便益を得る可能性がある．
> a) 顧客要求事項及び適用される法令・規制要求事項を満たした安全な食品並びに製品及びサービスを一貫して提供できる．
> b) 組織の目標に関連したリスクに取り組む．
> c) 規定されたFSMS要求事項への適合を実証できる．
>   この規格は，Plan-Do-Check-Act（PDCA）サイクル（**0.3.2** 参照）及びリスクに基づく考え方（**0.3.3** 参照）を組み込んだ，プロセスアプローチ（**0.3** 参照）を用いている．
>   組織は，プロセスアプローチによって，組織のプロセス及びそれらの相互作用を計画することができる．
>   組織は，PDCAサイクルによって，組織のプロセスに適切な資源を与え，マネジメントすることを確実にし，かつ，改善の機会を明確にし，取り組むことを確実にすることができる．
>   組織は，リスクに基づく考え方によって，自らのプロセス及びFSMSが，計画した結果からかい（乖）離を引き起こす可能性のある要因を明確にすることができ，また，好ましくない影響を予防又は最小限に抑えるための管理を実施することができる．
>   この規格では，次のような表現形式を用いている．
> —"～しなければならない．"（shall）は，要求事項を示し，
> —"～することが望ましい．"（should）は，推奨を示し，

― "〜してもよい."（may）は，許容を示し，
― "〜することができる.", "〜できる.", "〜し得る." など（can）は，可能性又は実現能力を示す.
　"注記"は，この規格の要求事項の内容を理解するための，又は明解にするための手引である.

❖規格解説

　"0.1 一般"の第1段落は，ISOマネジメントシステムの上位構造（HLS）と共通である．次のような便宜を得る a), b), c)の記載も同様である．

　ただし，ISO 9001:2015 の序文"0.1 一般"に見られる"b) 顧客満足を向上させる機会を増やす."という文言はない．なぜならば，食品安全に対する顧客満足は満たされていなければならないからである．食品安全マネジメントシステム（FSMS）では"顧客満足の向上"という概念はない．食品安全に不足があれば，顧客は当然，不満足だからである．したがって FSMS では，食品安全に不足がある場合，満たされている状態に戻す，すなわち，まず更新することが必要で，その上で継続的な FSMS の改善が求められることになる．

　"shall"以下の表現形式も他の ISO マネジメントシステム規格（ISO 9001 や ISO 14001）と同様である．

　なお，本規格の日本語訳では"確実"という用語がしばしば登場する．原文は"ensure"である．"確実"は HLS や本規格において定義されている用語ではないが，主観的な確信ではなく，客観的な根拠に基づいて実施することが求められる．ISO マネジメントシステム規格のキーワードの一つである．

0.2　FSMS の原則

0.2　FSMS の原則
　食品安全は，消費（消費者による摂取）時に食品安全ハザードが存在することに関連する．食品安全ハザードは，フードチェーンのどの段階においても発生し得る．したがって，フードチェーンを通して適切な管理が不可欠である．食品安全は，フードチェーン内の全ての関係者の協力を通じて確保されるものである．この規格は，一般に認識さ

れている次の主要素を組み合わせたFSMSに対する要求事項を規定している．
―相互コミュニケーション
―システムマネジメント
―前提条件プログラム
―ハザード分析及び重要管理点（HACCP）原則
　更に，この規格は，ISOマネジメントシステム規格に共通の原則に基づいている．マネジメントの原則とは，次の事項をいう．
―顧客重視
―リーダーシップ
―人々の積極的参加
―プロセスアプローチ
―改善
―客観的事実に基づく意思決定
―関係性管理

❖規格解説

　"0.2 FSMSの原則"の第1段落は，ISO 22000:2005（以下，"旧規格"という）の序文の第1段落と同様である．続く四つの要素も旧規格を踏襲している．

　相互コミュニケーション（interactive communication）が重要であることは旧規格から強調されてきた．旧規格における序文の記載は次のとおりである．

　　"相互コミュニケーションとは一方通行ではなく，フードチェーン内の上流と下流の両方の組織間のコミュニケーションを意味する．明確にされたハザード及び管理手段についての顧客及び供給者の要求事項（例えば，これらの要求事項の実現可能性及び必要性並びに最終製品へのそれらの影響）を明らかにする上で手助けとなる．"

ISO 22000:2018（以下"本規格"という）ではこの記載はないが，相互コミュニケーションの重要性に変わりはない．

　コミュニケーションについては，"7.4 コミュニケーション"で"7.4.2 外部コミュニケーション"と"7.4.3 内部コミュニケーション"とに分けて規定している．

第 2 段落は，HLS に沿った ISO マネジメントシステム規格に共通の"マネジメントの原則"を示している．これらの原則は規格要求事項全体を貫いている．

0.3 プロセスアプローチ
0.3.1 一般

> **0.3　プロセスアプローチ**
> **0.3.1　一般**
> 　この規格は，適用される要求事項を満たしつつ，安全な製品及びサービスの生産を増強するため，FSMS を構築し，実施し，その有効性を改善する際に，プロセスアプローチを採用する．システムとして相互に関連するプロセスを理解し，マネジメントすることは，組織が効果的かつ効率的に意図した結果を達成する上で役立つ．プロセスアプローチは，組織の食品安全方針及び戦略的方向性に従って意図した結果を達成するために，プロセス及びその相互作用を体系的に定義し，マネジメントすることに関わる．PDCA サイクルを，機会の利用及び望ましくない結果の防止を目指すリスクに基づく考え方に全体的な焦点を当てて用いることで，プロセス及びシステム全体をマネジメントすることができる．
> 　フードチェーン内における組織の役割及び位置を認識することは，フードチェーン全体における効果的な相互コミュニケーションを確保するために不可欠である．

❖規格解説

　プロセスアプローチは，ISO マネジメントシステム規格共通の原則の一つであり，HLS に従っている．"プロセス"（3.36）は"インプットをアウトプットに変換する，相互に関連する又は相互に作用する一連の活動．"と定義されている．"インプット"と"アウトプット"という語句は，ISO 9000:1994（JIS Z 9000:1994）以来長く用いられてきた用語である．ISO 9000:2015 の"プロセス"（3.4.1）の定義の注記 2 には"プロセスへのインプットは，通常，他のプロセスからのアウトプットであり，また，プロセスからのアウトプットは，通常，他のプロセスへのインプットである．"としている．また注記 3 では"連続した二つ又はそれ以上の相互に関連するプロセスを，一つのプロセスと呼ぶこともあり得る．"としている．

本規格において,アウトプットの一例は"製品"(3.37)である.また,本規格の骨格の一つであるHACCPは,いくつかのプロセスから構成されているプロセスである.さらに本規格は,複数のプロセスから構成されており,それぞれのプロセスの関連において,相互コミュニケーションが重要であることから,最後の段落は旧規格の相互コミュニケーションの記載を用いている.

0.3.2 Plan-Do-Check-Act サイクル

> **0.3.2 Plan-Do-Check-Act サイクル**
> 　PDCAサイクルは,次のように簡潔に説明できる.
> Plan： システム及びそのプロセスの目標を設定し,結果を出すために必要な資源を用意し,リスク及び機会を特定し,取り組む.
> Do： 計画されたことを実行する.
> Check：プロセス並びにその結果としての製品及びサービスをモニターし,(関連する場合は)測定し,モニタリング,測定及び検証活動からの情報及びデータを分析し及び評価し,その結果を報告する.
> Act： 必要に応じて,パフォーマンスを改善するための処置をとる.
> 　この規格では,図1に示すように,プロセスアプローチは二つのレベルでPDCAサイクルのコンセプトを用いている.最初のレベルは,FSMSの全体の枠組みを対象としている(箇条4～箇条7及び箇条9,箇条10).他方のレベル(運用の計画及び管理)は,箇条8に記述するように,食品安全システム内での運用プロセスを対象としている.したがって,二つのレベルの間でのコミュニケーションがきわめて重要である.

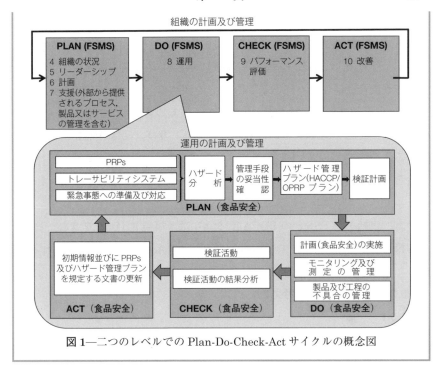

図1—二つのレベルでの Plan-Do-Check-Act サイクルの概念図

❖規格解説

　PDCA サイクルは ISO マネジメントシステム規格共通の原則の一つである．簡潔な記載は ISO 9001:2015 と同様である．

　本規格は，マネジメントシステム全体の PDCA サイクルと HACCP システムの PDCA サイクルの二つから構成されている．二重の PDCA サイクルをわかりやすく示すために図1が作成されている．

　同図において，"運用の計画及び管理"と題した部分は，HACCP システムの PDCA サイクルとして箇条8に規定されている．本規格がコーデックス委員会（FAO/WHO 食品合同規格委員会）の"HACCP 適用の7原則12手順"を重要な骨格に位置付けていることは周知のとおりである．しかし，HACCP 適用のプロセス（7原則12手順）を通じて得られるのは"HACCP プラン"という文書であり，それ単独で PDCA サイクルは回らない．そこで本規格

ではHACCPシステムの計画及び運用を次のように規定している．すなわちFSMSの原則の要素である"前提条件プログラム"（3.35）を主なインプットとして，プロセスである"ハザード分析"（8.5.2）を実施し，アウトプットとして"重要な食品安全ハザード"（3.40）を決める．その上で重要な食品安全"ハザード管理プラン"（8.5.4）の策定プロセスによって，アウトプットである"妥当性確認"（3.44）されたHACCPプラン及び／又はOPRPプランが得られる．このアウトプットにはモニタリングや検証の計画も含まれる．ハザード管理プラン（Plan）どおりに運用（Do）するということは，プランどおりにモニタリングや検証を行うことである．

一方，包括的なFSMSのPDCAサイクルは，箇条8（Do）を含む，箇条4から箇条7（Plan），箇条9（Check），箇条10（Act）を通じて達成される．

0.3.3　リスクに基づく考え方
0.3.3.1　一般

> **0.3.3　リスクに基づく考え方**
> **0.3.3.1　一般**
> 　リスクに基づく考え方は，有効なFSMSを達成するために必須である．この規格では，リスクに基づく考え方は，**0.3.2**のプロセスアプローチで記述したように組織（**0.3.3.2**参照）及び運用（**0.3.3.3**参照）の二つのレベルで取り上げる．

❖**規格解説**

リスクに基づく考え方もISOマネジメントシステム規格共通の原則の一つである．HACCPシステムは本来リスクに基づく考え方の一手法である．

一般的な概念では管理できるのはリスクであり，ハザード（例えば，地震，津波）は直接，管理できない．しかし，HACCPは食品安全ハザードを管理することを求めており，食品安全分野に特有の概念である．

さらに"リスク"の定義（3.39）が難しいことに加え，食品分野では各国政府が行っているリスク分析（リスク評価及びリスクマネジメント，リスクコミュニケーションから構成される）における"リスク"と，HACCPで使う"ハ

ザード"が使い分けられている．そのため，HLS に従う本規格で求める"リスク"の概念がわかりにくくなることが懸念され，TC 34/SC 17/WG 8 でも議論に時間を要した．

しかし，食品安全ハザードを管理する組織にとっては，システムを構築し，運用し，維持し，改善することは，リスクマネジメントに他ならないため，"組織のリスクマネジメント"と"ハザード分析―運用のプロセス"として，次の 0.3.3.2 と 0.3.3.3 に分けて記載することにした．

0.3.3.2　組織のリスクマネジメント

> **0.3.3.2　組織のリスクマネジメント**
> 　リスクとは，不確かさの影響であり，そうした不確かさは，好ましい影響又は好ましくない影響をもち得る．組織のリスクマネジメントにおいては，あるリスクから生じる好ましい方向へのかい（乖）離は，機会を提供し得るが，リスクの好ましい影響の全てが機会をもたらすとは限らない．
> 　組織は，この規格の要求事項に適合するために，組織のリスクへの取組みを計画し，実施する（箇条 6）．リスクへの取組みによって，FSMS の有効性の向上，改善された結果の達成，及び好ましくない影響の防止のための基礎が確立する．

❖**規格解説**

"リスク及び機会"について本規格では，"リスク"は"不確かさの影響."と"3 用語及び定義"の 3.39 で定義しているが，"機会"は定義しなかった．これは ISO 9001:2015 と同様，"機会"は一般的な語句であることによる．しかし，"6 計画"の 6.1 では"リスク及び機会への取組み"が求められているため，リスクと機会はセットで考える必要がある．

ここでは"あるリスクから生じる好ましい方向へのかい（乖）離は，機会を提供し得るが，リスクの好ましい影響の全てが機会をもたらすとは限らない．"としているが，リスクから生じる好ましくない影響が機会を提供し得ることも考えられる．好ましくない影響があっても，それは何らかの機会となるはずである．

0.3.3.3 ハザード分析―運用のプロセス

> **0.3.3.3 ハザード分析―運用のプロセス**
> 　運用レベルでのHACCP原則に基づいたリスクに基づく考え方の概念は，この規格に暗黙的に示されている．
> 　HACCPにおけるその後の一連の段階は，消費時点で食品が安全であることを確実にするための，ハザードを予防するか又はハザードを許容水準まで低減する必要な手段とみなすことができる（箇条8）．
> 　HACCPの適用における判断は科学に基づくものであることが望ましく，また偏りがなく，文書化することが望ましい．文書化には，意思決定プロセスにおけるあらゆる主要な仮定を含めることが望ましい．

❖規格解説

　"0.3.2 PDCAサイクル"では図1を使って二重のPDCAサイクルについて説明した（35ページ参照）．"0.3.3.3 ハザード分析―運用のプロセス"では，ハザード分析とその運用のプロセスに不可欠な科学的・合理的根拠について言及している．

　"ハザード分析"（8.5.2）は，"発生する起こりやすさ"（the likelihood of its occurrence）から考えられるハザードについて，それが顕在化したときに起こる"健康への悪影響の重大さ"（the severity of its adverse health effects）を評価するプロセスである．科学的・合理的根拠に基づかなければならない．とはいえ，完璧な情報・データを収集することは容易ではない．HACCPは確率論的な思考から成り立っているので，文書化においては，意思決定のプロセスを明確にしておくため，収集した根拠や使用したデータを記録しておくことが望まれる．PDCAサイクルを回したとき，議論の経過を含め，根拠情報・データを見直さなければならないことが多い．

0.4 他のマネジメントシステム規格との関係

> **0.4 他のマネジメントシステム規格との関係**
> 　この規格は，ISO上位構造（HLS）に基づき開発されたものである．HLSの目標は，ISOマネジメントシステム規格間の一致性を向上させることにある．この規格は，

序　　文

組織が，そのFSMSのアプローチを他のマネジメントシステム及び支援規格の要求事項に合わせたり，又は統合したりするために，PDCAサイクル及びリスクに基づく考え方と併せてプロセスアプローチを用いることができるようにしている．

この規格は，FSMSsに関する中核的な原則及び枠組みであり，フードチェーン全体にわたる組織に対する具体的なFSMS要求事項を定めている．食品部門に特有の，食品安全に関連するその他の手引，仕様書及び／又は要求事項も，この枠組みと併用できる．

更に，**ISO**は関連ファミリー文書を開発している．これらには，次が含まれる．
—フードチェーンの特有な部門のための前提条件プログラム（**ISO/TS 22002**シリーズ）
—監査及び認証を行う機関に対する要求事項
—トレーサビリティ

ISOはまた，組織がこの規格及び関連する規格をどのように実施するかに関する手引文書を提供する．情報は，**ISO**ウェブサイトに掲載されている．

❖規格解説

"0.4 他のマネジメントシステム規格との関係"の第1段落はHLSに沿っているため，ISO 9001:2015と同様の記載となっている．

第2段落は本規格固有の記載である．

—フードチェーンの各部門に特有な前提条件プログラム（ISO/TS 22002シリーズ）
- ・ISO/TS 22002-1:2009　食品製造の前提条件プログラム
- ・ISO/TS 22002-2:2013　ケータリングの前提条件プログラム
- ・ISO/TS 22002-3:2011　農業の前提条件プログラム
- ・ISO/TS 22002-4:2013　食品用容器包装の製造の前提条件プログラム
- ・ISO/TS 22002-6:2016　飼料及び動物用食品の生産の前提条件プログラム
- ・ISO/TS 22002-5　輸送・保管の前提条件プログラム[*1]

—監査及び認証を行う機関に対する要求事項
- ・ISO/TS 22003:2013　食品安全マネジメントシステム—食品安全マネジメントシステムの審査及び認証を行う機関に対する要求事項[*2]

[*1] 2017年検討作業開始，2018年11月30日現在作業中
[*2] 2017年改訂作業開始，2018年11月30日現在作業中

・ISO 22005:2007　トレーサビリティ[*3]の一般原則及び要求事項

[*3] ここでいう"トレーサビリティ"は，計測のトレーサビリティではない．

1 適用範囲

> **1 適用範囲**
> この規格は，フードチェーンに直接又は間接的に関与する組織が次の事項を可能にするための食品安全マネジメントシステム（FSMS）に対する要求事項について規定する．
> **a)** 製品及びサービスの意図した用途に従い，安全である製品及びサービスを提供するFSMSを計画し，実施し，運用し，維持し，かつ，更新する．
> **b)** 適用される法令・規制食品安全要求事項への適合を実証する．
> **c)** 相互に合意した食品安全顧客要求事項を評価及び判定し，かつ，それらの顧客要求事項への適合を実証する．
> **d)** フードチェーン内の利害関係者に，食品安全の問題を効果的に伝達する．
> **e)** 組織が明示した食品安全方針に適合していることを確実にする．
> **f)** その適合を関連する利害関係者に実証する．
> **g)** そのFSMSの，外部組織による認証若しくは登録を求める，又はこの規格への適合の自己評価若しくは自己宣言を行う．
>
> この規格の全ての要求事項は，はん（汎）用性があり，規模及び複雑さを問わず，フードチェーンの全ての組織に適用できることを意図している．直接又は間接的に関与する組織が含まれ，これらには飼料生産者，動物用食品生産者，野生植物及び動物の採取者，農家，材料の生産者，食品製造業者，小売業者，及び食品サービス，ケータリングサービス，清掃・洗浄及び殺菌・消毒サービス，輸送，保管及び流通サービスを提供する組織，装置，洗浄剤及び殺菌・消毒剤，包装材料及びその他の食品と接触する材料の供給者が含まれる．ただし，これらに限定されるものではない．
>
> この規格は，小規模及び／又はあまり進んでいない組織（例えば，小規模農家，小規模包装・配送業者，小規模な小売店又は食品サービス直販店）が，外部で開発された要素をそのFSMSにおいて実施することを認めている．
>
> この規格の要求事項を満たすために，内部及び／又は外部資源を用いることができる．

❖規格解説

"1 適用範囲"には，この規格が対象とする組織，及びその組織が規格を導入する目的が記載されている．対象とする組織は，フードチェーンに属する組織であるが，"3.18 食品（food）"の定義（54ページ参照）で解説するように，食品には動物用食品が含まれるため，このフードチェーンはいわゆるペットフードとその関連業種が含まれる．また，人用，動物用を含め，直接食品を取り

扱う組織だけでなく，間接的に関係する組織も含まれることが重要である．具体的な業種がいくつか例示されている．これらの組織が食品安全マネジメントシステム（FSMS）を導入することの目的としてa)からg)が示されており，本規格を導入し，運用することによって，序文の"0.1 一般"にある成果の達成が期待される．

2 引用規格

> **2 引用規格**
> この規格には，引用規格はない．

❖規格解説

旧規格では，"ISO 9000:2000 品質マネジメントシステム―基本及び用語"を引用規格として定めていたが，本規格では引用規格はない．そのため，マネジメントシステムとしての基本については"序文"に記載され，用語とその定義については"3 用語及び定義"に記載されている．

3 用語及び定義

> **3 用語及び定義**
> この規格では，次の用語及び定義を適用する．
> ISO及びIECは，標準化に使用するための用語のデータベースを次のアドレスに維持している．
> ―ISO Online browsing platform　https://www.iso.org/obp
> ―IEC Electropedia　http://www.electropedia.org/

3 用語及び定義

❖**規格解説**

全部で45の用語が"3 用語及び定義"で定義されている．これは，旧規格で引用していたISO 9000が引用規格ではなくなったためであるが，加えてHLSの採用により，"共通の用語"についてここで定義を記載しているためである．45の内訳を見ると，20がHLSにある"共通の用語"として定められたものである（表2.1参照）．当然のことであるが，これらの用語はISO 9000やISO 14001でも同様に定義されて用いられている．また，いくつかのものは食品安全の分野で使う場合の注記が追加されている．残りの25がISO 22000固有の用語となる．

表2.1 "3 用語及び定義"のうち，HLSにおいて定義されている20の用語

箇条番号	用語（英語）	用語（日本語）
3.3	audit	監査
3.4	competence	力量
3.5	conformity	適合
3.7	continual improvement	継続的改善
3.10	corrective action	是正処置
3.13	documented information	文書化した情報
3.14	effectiveness	有効性
3.23	interested party stakeholder	利害関係者（推奨用語） ステークホルダー（許容用語）
3.25	management system	マネジメントシステム
3.26	measurement	測定
3.27	monitoring	モニタリング（監視）
3.28	nonconformity	不適合
3.29	objective	目標
3.31	organization	組織
3.32	outsource	外部委託する
3.33	performance	パフォーマンス
3.34	policy	方針
3.36	process	プロセス，工程
3.38	requirement	要求事項
3.39	risk	リスク

本規格で採用されている用語とその定義は，コーデックス委員会による定義を考慮して決定されており，そのことは各用語の後に出典として明記されている．しかし，必ずしもコーデックス委員会による定義をそのまま採用しているわけではないことに注意を要する．

翻訳について，利用者の混乱を避けるため，旧規格で採用した日本語訳は本規格においてもできる限り継承している．しかし，本規格において日本語への翻訳上の配慮を行ったものがいくつかある．

ハザード管理プラン（hazard control plan）：

旧規格においては，"HACCP plan"の日本語訳として"HACCPプラン"が採用された．その流れを受けて本規格では"hazard control plan"については，"ハザード管理プラン"という日本語訳が採用された．ハザード管理プランはHACCPプラン及びOPRPプランをまとめていうための用語である（8.5.4，160ページ参照）．

再加工（rework）：

ISO 9000:2015の"3.12.8 rework"は"手直し"と訳されているが，本規格では同じ意味をもつ"再加工"の日本語訳が採用されている［8.5.1.5.1 d），138ページ参照］．これは，食品業界でよく使われる語として，旧規格で採用した日本語訳を継承したものである．一方，現在のISO/TS 22002［Prerequisite programmes on food safety（食品安全のための前提条件プログラム）］シリーズの日本語訳では"rework"を"手直し"と訳している．混乱を避けるため，今後ISO/TS 22002シリーズの改訂に合わせて，"再加工"の日本語訳が採用される予定である．

原料（raw materials）：

旧規格においても"raw materials"は"原料"と訳されており，変更されたわけではない．しかし，英語の"raw"からは"生の原料"を意味すること

もある点に注意が必要である．"生"かどうかということは，ハザード分析において重要な視点を提供する．

その他，本規格で注意すべき日本語訳を表2.2に示す．

表2.2　本規格で注意が必要な日本語訳と対応する英語

	英語	日本語訳		英語	日本語訳
A	action criteria	処置基準	M	manegement	マネジメント
	arrangement	取決め		measurable	測定可能
	assess	評価する		mishandling	誤った取扱い
C	cleaning	清掃・洗浄		monitoring	モニタリング（監視）
	communicate	伝達する	O	origin	発生源
	control	管理		outsource	外部委託する
	control measure	管理手段	P	pest control	ペストコントロール
D	delivery	配送		place of origin	原産地
	designated person	指定された者		(control) plan	（管理）プラン
	device	機器		planning	計画
	developed	開発された		potential	潜在的
	distribution	流通		prevent	予防
E	equipment	装置		process	プロセス，工程
	exceed	超える	R	reasonably expected	合理的に予測される
F	failure	逸脱		rework	再加工
	food producing animals	食料生産動物	S	sanitation	殺菌・消毒
	function	組合せ		sewage	汚水
H	historical data	過去のデータ		shelf life	シェルフライフ
I	identify	特定する		state	明示
	introduction	混入	U	unit	設備
L	likelihood	起こりやすさ			

［出典　ISO 22000:2018 Food safety management systems—Requirements for any organization in the food chain（英和対訳版），日本規格協会，2018］

> **3.1**
> **許容水準**（acceptable level）
> 　組織（3.31）によって提供される**最終製品**（3.15）において，超えてはならない**食品安全ハザード**（3.22）の水準．

❖**用語解説**

　食品安全ハザードは，健康への悪影響をもたらすものと定義されるが，悪影響をもたらすか，もたらさないかを分ける水準が必ず存在する．これを"許容水準"という．"8.5.2.3 ハザード評価"に許容水準の決定に関する要求事項がある．CCPにおける"3.12 許容限界（critical limit）"と混同して使用しないように注意する必要がある．

> **3.2**
> **処置基準**（action criterion）
> 　**OPRP**（3.30）の**モニタリング**（3.27）に対する測定可能な又は観察可能な基準．
> 　注記　OPRPが管理されているかどうかを判断するために，また許容できるもの（基準が満たされている，あるいは達成されていることは，OPRPが意図したとおりに機能していることを意味している）と，許容できないもの（基準を満たしておらず，手段が実施されておらず，OPRPが意図したとおりに機能していない）とを区別するために処置基準を確立する．

❖**用語解説**

　OPRPのモニタリングに対する基準について"処置基準"という用語が新たに定義された．その基準に基づいて，OPRPとして管理されている状態と，管理を逸脱した状態が判別できる必要がある．管理を逸脱した，と判定されたときに何らかの処置を必要とするため"処置基準"の語が用いられた．

> **3.3**
> **監査**（audit）
> 　監査基準が満たされている程度を判定するために，監査証拠を収集し，それを客観的に評価するための，体系的で，独立し，文書化した**プロセス**（3.36）．
> 　注記1　監査は，内部監査（第一者）又は外部監査（第二者又は第三者）のいずれ

3 用語及び定義

でも，及び複合監査（複数の分野の組合せ）でもあり得る．
注記2　内部監査は，その組織自体が行うか，又は組織の代理で外部関係者が行う．
注記3　"監査証拠"及び"監査基準"は ISO 19011 で定義されている．
注記4　関連分野は，例えば，食品安全マネジメント，品質マネジメント又は環境マネジメントである．

❖用語解説

共通の用語である．マネジメントシステム監査については，"ISO 19011 マネジメントシステム監査のための指針"に詳しく記されているので，参照するとよい．

3.4
力量（competence）
　意図した結果を達成するために，知識及び技能を適用する能力．

❖用語解説

共通の用語である．"知識や技能をもっているだけではなく，それを使うことができる能力である．"と定義されている．

3.5
適合（conformity）
　要求事項（3.38）を満たしていること．

❖用語解説

共通の用語である．要求事項には，本規格の要求事項，顧客要求事項，法令・規制要求事項，組織が決めた要求事項などがあり，取り上げた活動やその結果が要求事項どおりであることを"適合"という．対義語は"不適合"（3.28）である．

> **3.6**
> 汚染（contamination）
> 　製品（**3.37**）又は工程の環境における，**食品安全ハザード**（**3.22**）を含む汚染物質の混入又は発生．

❖用語解説

　食品安全ハザードだけでなく，広く汚染物質を捉えて"汚染"が定義されている．対象には，製品汚染だけでなく，製品を作る工程（プロセス）の環境汚染も含まれる．製品や工程の環境に汚染物質が混入（introduction）する場合だけでなく，化学反応や増殖などにより汚染物質が発生（occurance）する場合も"汚染"の範疇になる．

> **3.7**
> 継続的改善（continual improvement）
> 　パフォーマンス（**3.33**）を向上するために繰り返し行われる活動．

❖用語解説

　共通の用語である．"改善"は ISO 9000:2015 の 3.3.1 で"パフォーマンスを向上するための活動．"と定義されている．"継続的"とは，それを繰り返し行うことである（10.2 参照）．

> **3.8**
> 管理手段（control measure）
> 　重要な**食品安全ハザード**（**3.22**）を予防又は**許容水準**（**3.1**）まで低減させるために不可欠な処置，若しくは活動．
> 　注記 1　重要な食品安全ハザード（**3.40**）も参照．
> 　注記 2　管理手段は，ハザード分析により特定される．

❖用語解説

　"管理手段"とは，組織が供給する製品について，重要な食品安全ハザードが特定された（"8.5.2.3 ハザード評価"）後に，ハザードが製品を汚染するのを防止（予防）するための，又は製品中のハザードを許容水準まで低減

するための，処置，若しくは活動のことである．従来の定義にあった"除去（eliminate)"の語は，どんなに低下させても，まったくのゼロにすることは困難なため削除された．本規格の定義では，"管理手段"は"重要な食品安全ハザード"に対する処置，若しくは活動にのみ使われることに注意する必要がある．なお，厚生労働省では"管理措置"の用語を用いている．

注記2では，ハザード分析により重要な食品安全ハザードを特定した（8.5.2.3）後に，それぞれの重要な食品安全ハザードに対して管理手段を決定するという手順が記載されている．また"8.5.2.4 管理手段の選択及びカテゴリー分け"では，"選択された管理手段を，CCPにおいて又はOPRPによって管理する"という要求事項がある．

ハザード分析の結果，重要とされなかった食品安全ハザードは前提条件プログラム（PRP）によって管理される．

3.9
修正（correction）
　検出された**不適合**（**3.28**）を除去するための処置．
　　注記1　修正には，安全でない可能性がある製品の処理を含み，したがって，**是正処置**（**3.10**）と併せて行うことができる．
　　注記2　修正は，例えば，再加工，更なる加工，及び／又は（他の目的に使用するために処分すること，又は特定のラベルを表示すること等）不適合の好ましくない結果を除去することが挙げられる．

❖用語解説

ISO 9000:2015の"3.12.3 修正"と同じ定義となっている．しかし，食品安全に則したものにするため，注記1で"安全でない可能性がある製品の処理を含み"という内容を付加し，注記2では"再加工，更なる加工，及び／又は不適合の好ましくない結果を除去すること"と，修正するための処置の例示を追加している．

> **3.10**
> **是正処置**(corrective action)
>   不適合(**3.28**)の原因を除去し,再発を防止するための処置.
>   注記1　不適合の原因には,複数の原因がある場合がある.
>   注記2　是正処置は,原因分析を含む.

❖用語解説

共通の用語である.ここでは,ISO 9000:2015 の"3.12.2 是正処置"に従った定義が与えられているので注意する必要がある.コーデックス委員会の指針の中で定義されている"corrective action"は,"修正""安全でない可能性がある製品の取扱い"及び"是正処置"が同時に含まれた内容である.なお,厚生労働省では"改善措置"の用語を用いている.

修正及び是正処置について,食品安全の面からは"8.5.4.4 許容限界又は処置基準が守られなかった場合の処置"として重要であるが,マネジメントシステムの様々な要求事項に対する運用の不適合については,"10.1 不適合及び是正処置"を適用して,適切な処置を行うことが重要である.

> **3.11**
> **重要管理点**(critical control point)
> **CCP**
>   重要な食品安全ハザード(**3.40**)を予防又は許容水準まで低減するために**管理手段**(**3.8**)が適用され,かつ規定された**許容限界**(**3.12**)及び**測定**(**3.26**)が**修正**(**3.9**)の適用を可能にする**プロセス**(**3.36**)内の段階.

❖用語解説

"重要管理点(CCP)"とは,製品を実現する工程の中の一つの段階(ステップ)であり,そこでは"管理手段"(3.8)が適用される.重要管理点(CCP)では,管理が適切であり許容できるか否かについて"測定"(3.26)した数値によって判断するが,"許容できる・できない"の境である"許容限界"(3.12)が同時に定められている.数値が許容限界を逸脱した場合は,まず"修正"(3.9)が実施される.

3 用語及び定義

この定義は，旧規格の 3.10［CCP（重要管理点）］において，"管理が可能で，かつ，食品安全ハザードを予防若しくは除去，又はそれを許容水準まで低減するために必須な段階"という定義と比べると大きな変更はない．

3.12
許容限界（critical limit）
　許容可能と許容不可能とを分ける測定可能な値．
　　注記　許容限界は，CCP（3.11）が管理されているかどうかを決定するために設定される．許容限界を超えた場合，又は許容限界を満たさない場合，影響を受ける製品は安全でない可能性があるものとして取り扱われる．
［出典：**CAC/RCP** 1-1969, 修正—定義を修正及び注記を追加した．］

❖用語解説

"3.11 重要管理点（CCP：critical control point）"において"管理手段"（3.8）を適用した場合，"測定"（3.26）した数値によって"許容できる・できない"を判断するが，その境のことを意味している．食品安全ハザードが健康影響を及ぼすかどうかを示す"3.1 許容水準（acceptable level）"と混同して使用しないように注意する必要がある．許容水準は食品安全ハザードの水準を分析的な数値で表すのに対し，許容限界は工程管理のパラメータを数値で表す．なお，厚生労働省では"管理水準"の用語を用いている．

3.13
文書化した情報（documented information）
　組織（3.31）が管ituriし，維持するよう要求されている情報，及びそれが含まれている媒体．
　　注記 1　文書化した情報は，あらゆる形式及び媒体の形をとることができ，あらゆる情報源から得ることができる．
　　注記 2　文書化した情報には，次に示すものがあり得る．
　　　　　—関連するプロセス（3.36）を含むマネジメントシステム（3.25）
　　　　　—組織の運用のために作成された情報（文書類）
　　　　　—達成された結果の証拠（記録）

❖**用語解説**

共通の用語である．共通要素とともに新しい概念として導入された．注記1にあるように，"文書化した"とは必ずしも紙の文書や文字になったものに限定したものではない．また注記2では，"情報"の言葉を使うことによって，従来の文書と記録を包含した概念であることを示している．これは，マネジメントシステムとその運用のIT化を取り入れたものである．

3.14
有効性（effectiveness）
　計画した活動を実行し，計画した結果を達成した程度．

❖**用語解説**

共通の用語である．まず"計画"及び計画に基づく"実行"があり，次に"実行した結果"を把握し"計画した結果"と比べることになる．両者の結果を比較することによって得られた"達成した程度"が有効性となる．"有効性の評価"とは，この達成した程度を評価することである．評価の結果，何らかの処置をとることによってPDCAが完結する．

3.15
最終製品（end product）
　組織（**3.31**）によってそれ以上の加工又は変更がなされない**製品**（**3.37**）．
　　注記　他の組織によってそれ以上の加工又は変更がなされる製品は，最初の組織にとっては最終製品であり，また第2の組織にとっては原料又は材料である．

❖**用語解説**

フードチェーンの製造業の場合，最終製品はその組織が顧客に提供するものを意味する．注記にあるように，顧客が製造業である場合，この組織の最終製品は次の組織の原料又は材料となる．また最終製品は，それ以上の加工又は変更されることなく消費者に届けられ，喫食されるものを意味する場合もある．したがって，組織にとっての最終商品は，組織が置かれたフードチェーンの位置により異なる．

フードチェーンのサービス業では，"3.37 製品（product）"の定義の注記に"製品はサービスもあり得る．"とあるように，提供するサービスそのものが製品である．例えば，保管業，輸送業，流通業においては，保管サービス，輸送サービス，流通サービスが最終製品となる．これらの業種で扱うもの（食品や食品用包装材料など）については，これらを製造した組織にとっての最終製品となる．その他のサービス業についても，その組織が提供している"サービス（service）"が"最終製品"になる．

3.16
飼料（feed）
　食料生産動物に給餌することを意図した，加工済み，半加工済み又は生の単一又は複数の製品．
　　注記　この規格では，**食品**（3.18），**飼料**（3.16）及び**動物用食品**（3.19）の間で区別が行われている．
　　　　―食品は，人及び動物が消費することを意図したもので，飼料及び動物用食品を含む．
　　　　―飼料は，食料生産動物に給餌されることを意図している．
　　　　―動物用食品は，ペットのような非食料生産動物に与えることを意図している．
［出典：CAC/GL 81-2013, 修正―"材料（materials）"という単語を"製品（products）"に変更し，"直接（directly）"を削除した．］

❖**用語解説**

"食料生産動物"（food-producing animals）とは，家畜及び養殖魚介類を意味する．飼料の組成としては，単一の植物や動物である場合やそれらが混合された製品がある．加工の程度としては，高度に加工されたものから生のものまである．注記では，"食品"に"飼料"及び"動物用食品"も含まれることを説明している．

3.17
フローダイアグラム（flow diagram）
　プロセスにおける段階の順序及び相互関係の図式的並びに体系的提示．

❖**用語解説**

"フローダイアグラム"とは，工程の流れの順序やそれぞれの相互関係を，図式を用いて表現したものである．フローダイアグラムに沿ってハザード分析が行われる．"8.5.1.5 フローダイアグラム及び工程の記述"に詳細の要求事項がある．

3.18
食品（food）
　消費されることを意図した加工済み，半加工済み又は生の物質（材料）で，飲料，チューインガム及び"食品"の生産，調製又は処理で使用されてきたあらゆる物質を含むが，化粧品又はたばこ若しくは薬品としてだけ使用される物質（材料）は含まない．
　　注記　この規格では，**食品**（3.18），**飼料**（3.16）及び**動物用食品**（3.19）の間で区別が行われている．
　　　　　—食品は，人及び動物が消費することを意図したもので，飼料及び動物用食品を含む．
　　　　　—飼料は，食料生産動物に給餌することを意図している．
　　　　　—動物用食品は，ペットのような非食料生産動物に与えることを意図している．
［出典：CAC/GL 81-2013, 修正—"人"という単語を削除した．］

❖**用語解説**

出典の修正に記載があるように，本規格では"食品"の定義から"人が消費する"という意味を削除している．その結果，動物用食品（いわゆるペットフード）が適用範囲に含まれることになった．人が消費するものだけを考えた場合，日本の食品衛生法第4条による"食品及び添加物"の定義と大きな相違はない．

3.19
動物用食品（animal food）
　加工済み，半加工済み又は生で，非食料生産動物に給餌することを意図した単一又は複数の製品．
　　注記　この規格では，**食品**（3.18），**飼料**（3.16）及び**動物用食品**（3.19）の間で区別が行われている．

3 用語及び定義

> ―食品は,人及び動物が消費することを意図したもので,飼料及び動物用食品を含む.
> ―飼料は,食料生産動物に給餌することを意図している.
> ―動物用食品は,ペットのような非食料生産動物に与えることを意図している.
>
> ［出典：**CAC/GL 81**-2013, 修正―"材料（material）"という単語を"製品（products）"に変更し,"非（non）"を追加して"直接（directly）"を削除した.］

❖用語解説

"非食料生産動物"（non-food-producing animals）とは,ペット動物などを意味する.その他は"3.16 飼料（feed）"の解説と同じである.

> **3.20**
> **フードチェーン**（food chain）
> 　一次生産から消費までの,**食品**（**3.18**）及びその材料の生産,加工,流通,保管及び取扱いに関わる一連の段階.
> 　注記1　これには,**飼料**（**3.16**）及び**動物用食品**（**3.19**）の生産を含む.
> 　注記2　フードチェーンには,食品又は原料と接触することを意図した材料の生産も含む.
> 　注記3　フードチェーンは,サービス提供者も含む.

❖用語解説

"フードチェーン"とは,一次生産を含めた原材料の生産から"食品"（3.18）として消費されるまでを意味する.このときの食品には,飼料や動物用食品が含まれる.また,本規格でいうフードチェーンには,注記2と注記3に記載されているように,食品を取り扱うフードチェーンに間接的に関与する製品やサービスが含まれている.本規格の適用範囲は,これら全てのフードチェーンに関わる組織である.

> **3.21**
> **食品安全**（food safety）
> 　食品が,意図した用途に従って調理され及び／又は喫食される場合に,消費者の健康に悪影響をもたらさないという保証.

注記1　食品安全は，**最終製品**（3.15）の**食品安全ハザード**（3.22）の発生と関連し，その他の健康側面に関するもの，例えば，栄養失調は含まない．
注記2　このことを，食品が手に入ること，及び食品へのアクセス（"食料安全保障"）と混同しない．
注記3　これには，飼料及び動物用食品を含む．
［出典：**CAC/RCP** 1-1969，修正—"危害（harm）"を"健康に悪影響(adverse health effect)"に変更し，注記を追加した．］

❖用語解説

"食品安全"の定義は，出典の修正に記されたように，コーデックス委員会の指針"食品衛生の一般原則"にある定義から，"危害（harm）"という語を"健康に悪影響（adverse health effect）"と具体的な語句に変更している．この定義は，食品安全に対していわゆるゼロリスクを求めたものではない．むしろ，規格の本文を読むとわかるように，食品安全ハザードの健康に対する悪影響を評価した上で，その混入を予防するか，又は許容水準まで低減することで，"消費者の健康に悪影響をもたらさない"という"食品安全"が達成されるという考え方に立っている．

3.22
食品安全ハザード（food safety hazard）
　健康への悪影響をもたらす可能性のある**食品**（3.18）中の生物的，化学的又は物理的要因．

注記1　用語"ハザード"を，食品安全との関係において，特定されたハザードにさらされた場合の健康への悪影響（例えば，罹病）の確率及びその影響の重大さ（例えば，死亡，入院）の組合せを意味する"**リスク**"（3.39）と混同しない．
注記2　食品安全ハザードには，アレルゲン及び放射性物質が含まれる．
注記3　飼料及び飼料材料との関係において，関連する食品安全ハザードは，飼料及び飼料材料の中及び／又はその表面に存在することがあり，また，動物による飼料の消費を介してその後の食品に持ち込まれ，その結果，人の健康に悪影響を引き起こす可能性がある．直接的に飼料及び食品を取り扱うこと以外の活動（例えば，包装材料，消毒剤などの生産業者）との関係において，関連する食品安全ハザードは，意図したように使用された場合，

3 用語及び定義   57

直接的又は間接的に食品に持ち込まれるハザードのことである（**8.5.1.4** 参照）．

注記4 動物用食品との関係において，関連する食品安全ハザードとは，食品を与えることを意図した動物にとって危険なものである．

［出典：**CAC/RCP 1**-1969，修正—"又は〜の条件（or condition of）"という語句を定義から削除し，注記を追加した．］

❖用語解説

"食品安全ハザード"の定義は，出典の修正に記されるように，コーデックス委員会の指針"食品衛生の一般原則"にある定義から"又は食品の状態"という部分を削除している．これは"健康への悪影響をもたらす食品の状態"とは何か，様々な意見があり，結果的に誤解を防ぐため，また"生物的，化学的又は物理的要因"という定義で，十分な概念を包含できるため，削除された．ここでは"agent"に"要因"の日本語訳を当てているが，従来の訳である"物質"だけでなく，拡大した概念を提供している．しかし，食品安全ハザードが"生物的""化学的""物理的"に分類されることは，従来と同様であり，この定義がハザード分析の枠組みを提供していることに変更はない．

注記3の後半は，直接的に食品を扱わない間接業種及びサービス業に属する組織にとっての"食品安全ハザード"について，重要な点が記載されている．つまり，こういった組織の"最終製品"（3.15）が，組織が意図したように顧客に使用された場合に，顧客の扱う食品に，直接的又は間接的に持ち込まれるハザードである，としている．したがって，これらの組織が本規格に沿ったマネジメントシステムを構築する場合には，組織が意図した使用方法は何かを考え，顧客がそのように使用したにもかかわらず，扱う食品に，直接的・間接的に持ち込まれてしまう食品安全ハザードを想定する必要がある．つまり，顧客が組織の意図した使用方法で使用する限り，顧客の扱う食品に食品安全ハザードが持ち込まれないように，組織の製品／サービスを保証する管理が，間接業種のFSMSとなる．

> **3.23**
> **利害関係者**（interested party）（推奨用語）
> **ステークホルダー**（stakeholder）（許容用語）
> 　ある決定事項若しくは活動に影響を与え得るか，その影響を受け得るか，又はその影響を受けると認識している，個人又は**組織**（**3.31**）．

❖**用語解説**

　共通の用語である．ステークホルダーの語が許容用語として併記されているのは，ISO 9000:2015 の"3.2.3 利害関係者，ステークホルダー"に倣っている．これは広く用いられている二つの語が同じ定義であることを示すとともに，推奨用語を優先して使うことを示している．また ISO 9000:2015 の"3.2.3"では，利害関係者として次のような例が挙げられている．

　　"顧客，所有者，組織内の人々，提供者，銀行家，規制当局，組合，パートナー，社会（競争相手又は対立する圧力団体を含むこともある．）"

> **3.24**
> **ロット**（lot）
> 　基本的に同じ条件下で生産及び／又は加工及び／又は包装された，定められた量の**製品**（**3.37**）．
> 　　注記 1　ロットは，組織があらかじめ定めたパラメータで決定され，また例えば，バッチのように別の用語で記述されることもある．
> 　　注記 2　ロットは，単一の製品単位に減らしてもよい．
> ［出典：**CODEX STAN 1**，修正—"及び／又は加工及び／又は包装された（and/or processed and/or packaged）"への言及を定義に含め，注記を追加した．］

❖**用語解説**

　"ロット"と称するか"バッチ"と称するかは，それぞれの組織や業種によって異なるが，同じ条件下にある一定の量の製品を意味する．注記 1 にあるように，その条件を示すパラメータは組織が決める．また，定められた量についても組織が決めることであり，製品 1 個単位で 1 ロットとする場合もあり得る．

3　用語及び定義

3.25
マネジメントシステム（management system）
　方針（**3.34**），**目標**（**3.29**）及びその目標を達成するための**プロセス**（**3.36**）を確立するための，相互に関連する又は相互に作用する，**組織**（**3.31**）の一連の要素．
　　注記1　一つのマネジメントシステムは，単一又は複数の分野を取り扱うことができる．
　　注記2　システムの要素には，組織の構造，役割及び責任，計画，及び運用が含まれる．
　　注記3　マネジメントシステムの適用範囲は，組織全体，組織内の固有で特定された機能，組織内の固有で特定された部門，複数の組織の集まりを横断する一つ又は複数の機能を含んでもよい．
　　注記4　関連分野は，例えば，品質マネジメントシステム又は環境マネジメントシステムである．

❖**用語解説**

　共通の用語である．本規格で取り扱う分野は食品安全である．したがって，組織の中の食品安全に関わりをもつ様々な要素によって食品安全マネジメントシステムが構築されることになる．

3.26
測定（measurement）
　値を確定する**プロセス**（**3.36**）．

❖**用語解説**

　ISO 9000:2015 の"3.11.4 測定"と同じ定義を採用している．ここでいうプロセスは，値を確定するための手順を意味する．正確な測定結果を得るためには，正しい手順（プロセス）で測定する必要がある．

3.27
モニタリング（監視）（monitoring）
　システム，**プロセス**（**3.36**）又は活動の状況を確定すること．
　　注記1　状況を確定するために，点検，監督又は注意深い観察が必要な場合もある．

注記2　食品安全に関しては，モニタリングは，プロセスが意図したとおりに運用されているかどうかを評価するための計画に沿った一連の観察又は測定を行う．

注記3　この規格では，**妥当性確認**（3.44），**モニタリング**（3.27）及び**検証**（3.45）の間で区別が行われている．
―妥当性確認は，活動の前に適用され，意図した結果を出す能力についての情報を提供する．
―モニタリングは，活動の最中に適用され，規定された時間内での行動について情報を提供する．
―検証は，活動の後で適用され，適合の確認に関する情報を提供する．

❖**用語解説**

　共通の用語の一つであるが，他の規格の日本語訳は"監視"が使われている．本規格では旧規格と同様に，通常のHACCPシステムで使用されている"モニタリング"の語が採用されている．

　しかし，共通の用語としての意味は失われたわけではなく，マネジメントシステムの状況を判断するためのモニタリング（監視）は"9.1 モニタリング，測定，分析及び評価"で要求事項となっている．

　食品安全におけるモニタリングは，注記2に記載されている．ここにある"一連の観察又は測定"の"一連の"を表す原文は"sequence of"となっている．これは，連続的でも間欠的でもよいが，時間的つながりのある観察又は測定という意味である．具体的には，管理手段によって意図したようにハザードを予防又は許容レベルにまで低減できているかを評価するために行うモニタリングがある．"8.5.4 ハザード管理プラン（HACCP/OPRPプラン）"に詳しい要求事項がある．また，前提条件プログラム（PRP）に対してモニタリングが適用できる場合について，"8.2.4"に要求事項がある．

　注記3では，"妥当性確認"（3.44），"モニタリング"（3.27），"検証"（3.45）の3語を理解しやすく比較して解説している．これは，食品安全に限定されるものではなく，これら三つの用語の一般的な解釈としても有効である．

3　用語及び定義

3.28
不適合（nonconformity）
　要求事項（**3.38**）を満たしていないこと．

❖用語解説

　共通の用語である．要求事項には，本規格の要求事項，顧客要求事項，法令・規制要求事項，組織が決めた要求事項などがあり，取り上げた活動やその結果が要求事項どおりでないことを"不適合"という．対義語は"適合"（3.5）である．

3.29
目標（objective）
　達成すべき結果．
　　注記1　目標は戦略的，戦術的，又は運用的であり得る．
　　注記2　目標は，様々な領域［例えば，財務，安全衛生，環境の到達点（goal）］に関連し得るものであり，様々な階層［例えば，戦略的レベル，組織全体，プロジェクト単位，製品ごと，**プロセス**（**3.36**）ごと］で適用できる．
　　注記3　目標は，例えば，意図した結果，目的（purpose），運用基準など，別の形で表現することもできる．また，FSMS目標という表現の仕方もある．又は，同じような意味をもつ別の言葉［例　狙い（aim），到達点（goal），標的（target）］で表すこともできる．
　　注記4　FSMSの場合，組織は，特定の結果を達成するため，食品安全方針と整合のとれた目標を設定する．

❖用語解説

　共通の用語である．ISO 9000:2015の"3.7.1 目標"においても，食品安全が品質に置き換わっているものの，注記1から注記4までを含め，同様の内容の記載となっている．

　これは，ISO 9001における品質目標，ISO 14001における環境目標と同様の位置付けのものであり，本規格では，食品安全マネジメントシステムの目標として，"6.2 食品安全マネジメントシステムの目標及びそれを達成するため

の計画策定"に関連する要求事項がある．ここで"食品安全目標（food safety objectives）"という用語を避けた理由は，"8.5.2.2.1"の注記2に記載されている．つまり，コーデックス委員会の手続きマニュアルでは，すでに"食品安全目標（food safety objectives）"について，"消費時の食品中にあるハザードの最大頻度及び／又は濃度で，適正な保護水準を提供又はこれに寄与する"と定義しているためである．

3.30
オペレーション前提条件プログラム（operational prerequisite programme）
OPRP
　重要な食品安全ハザード（**3.40**）を予防又は**許容水準**（**3.1**）まで低減するために適用される**管理手段**（**3.8**）又は管理手段の組合せであり，**処置基準**（**3.2**）及び**測定**（**3.26**）又は観察が**プロセス**（**3.36**）及び／又は**製品**（**3.37**）の効果的管理を可能にするもの．

❖**用語解説**

"オペレーション前提条件プログラム（OPRP）"とは，製品を実現する工程の中で，ハザード評価の結果として選択された管理手段のうち，管理が適切であるか否かについて判断するための"処置基準"（3.2）が定められ，これに基づき"測定"（3.26）又は観察が行われるものと定義される．管理を適切に行うことにより，工程が管理手段として適切に機能し，製品の食品安全ハザードが予防又は許容レベルまで低減されることになる．

この定義は，旧規格の3.9（オペレーション前提条件プログラム）において，"食品安全ハザードの汚染又は増加の起こりやすさを管理するために必須なものとしてハザード分析によって明確にされたPRP"という定義と比べると，表現の変更が見られるが，実質的には同じものである．つまり，"重要な食品安全ハザード"に対する管理手段という位置付けは旧規格と同様である．新たに"処置基準"（3.2）という用語を導入することによって，"CCP"（3.11）における"許容限界"（3.12）との対比が理解しやすくなっている．また，用語の一部には"PRP"が残っているが，定義の上からはPRPであるか

3　用語及び定義

否かを考慮する必要はなくなっている．

> **3.31**
> **組織**（organization）
> 　自らの**目標**（**3.29**）を達成するため，責任，権限及び相互関係を伴う独自の機能をもつ，個人又はグループ．
> 　注記　組織という概念には，法人か否か，公的か私的かを問わず，自営業者，会社，法人，事務所，企業，当局，共同経営会社，非営利団体若しくは機構，又はこれらの一部若しくは組合せが含まれる．ただし，これらに限定されるものではない．

❖**用語解説**

　共通の用語であり，ISO 9000:2015 の"3.2.1 組織"にも同じ定義が記載されている．本規格では"組織"の用語は多用されるが，実際に本規格に基づいて食品安全マネジメントシステムを運用する組織は，注記にあるように様々な可能性がある．また，"マネジメントシステム"（**3.25**）の注記2と注記3にあるように，マネジメントシステムを考えるときに，組織という概念は切り離して考えることはできない．

> **3.32**
> **外部委託する**（outsource），動詞
> 　ある組織の機能又は**プロセス**（**3.36**）の一部を外部の**組織**（**3.31**）が実施するという取決めを行う．
> 　注記　外部委託した機能又はプロセスは適用範囲内にあるが，外部の組織は**マネジメントシステム**（**3.25**）の適用範囲の外にある．

❖**用語解説**

　共通の用語である．ISO 9000:2015 の"3.4.6 外部委託する"にも同じ定義が記載されている．ここでいう"ある組織"とは，このマネジメントシステムを運用する組織であり，その機能又はプロセスの一部を外部に委託するという概念である．注記に記載された，外部に委託した部分はマネジメントシステムの一部である，しかし委託を受けた組織はマネジメントシステムの外にあるという概念は非常に重要である．つまり，委託した機能又はプロセスが正しく運

用されるように，外部の組織をマネジメントシステムによって管理することが必要になってくる．本規格では"7.1.6 外部から提供されるプロセス，製品又はサービスの管理"にその要求事項がある．

3.33
パフォーマンス（performance）
　測定可能な結果．
　　注記1　パフォーマンスは，定量的又は定性的な所見のいずれにも関連し得る．
　　注記2　パフォーマンスは，活動，**プロセス**（**3.36**），**製品**（**3.37**）（サービスを含む），システム又は**組織**（**3.31**）の運営管理に関連し得る．

❖用語解説

共通の用語である．ISO 9000:2015 の"3.7.8 パフォーマンス"にも同じ定義が記載されている．ISO 9001:2008 では"成果を含む実施状況"という日本語訳が採用されていたが，ISO 9001:2015 では"パフォーマンス"となっている．本規格でもカタカナ表記が採用されている．定義に"測定可能"とあるように，パフォーマンスには測定を可能とするための指標［パフォーマンスインデックス（performance index）］が必要である．また，注記2にあるように，様々な場面で利用できる用語であり，本規格においても多くの箇所で使用されている．特に"9 パフォーマンス評価"では，食品安全マネジメントシステムのパフォーマンスについての要求事項がある．

3.34
方針（policy）
　トップマネジメント（**3.41**）によって正式に表明された**組織**（**3.31**）の意図及び方向付け．

❖用語解説

共通の用語である．食品安全方針は，ISO 9001 における品質方針，ISO 14001 における環境方針と同様の位置付けのものであり，"5.2.1 食品安全方針の確立"にその要求事項がある．

3　用語及び定義

3.35
前提条件プログラム（prerequisite programme）
PRP
　組織（3.31）内及びフードチェーン（3.20）全体での，食品安全の維持に必要な基本的条件及び活動．
　　　注記　必要なPRPsは，組織が運用するフードチェーンの部分及び組織の種類に依存する．同義の用語の例：適正農業規範（GAP），適正獣医規範（GVP），適正製造規範（GMP），適正衛生規範（GHP），適正生産規範（GPP），適正流通規範（GDP），及び適正取引規範（GTP）．

❖用語解説

"前提条件プログラム（PRP）"の多くは，日本では"一般衛生管理"と呼ばれており，HACCPシステムを導入するためにあらかじめ構築しておく必要があると認識されている．ハザード評価によって，"重要な食品安全ハザード"（3.40）と特定されたもの以外のハザードは，前提条件プログラム（PRP）によって管理されることになる．ISO/TS 22002シリーズによって，フードチェーンの分野ごとの前提条件プログラムの詳細が決められている．

3.36
プロセス，工程（process）
　インプットをアウトプットに変換する，相互に関連する又は相互に作用する一連の活動．

❖用語解説

共通の用語である．ISO 9000:2015の"3.4.1 プロセス"では，少し異なる言い回しで定義が記載されているが，内容はほとんど同じである．

本規格ではこの用語の翻訳に当たって，大きな業務の流れの中でインプットをアウトプットに変換する過程は"プロセス"とカタカナ表記にして，製品を実現／サービスを提供する一連の活動を示す"process"については"工程"と表記している．したがって"プロセス"と表記された部分には"工程"の意味を含む場合がある．"process"は広い意味をもつため，本規格の多くの箇所で使用されているが，規格利用者にとって理解しやすい日本語訳を用いること

によって，利便性を高めるため使い分けている．

3.37
製品（product）
　プロセス（**3.36**）の結果であるアウトプット．
　　注記　製品はサービスのこともあり得る．

❖用語解説

　ISO 9000:2015 にも"製品"（3.7.6）の定義があるが，少し異なる言い回しになっており，本規格における"最終製品"（3.15）に近い定義が記載されている．また，ISO 9000:2015 には"3.7.7 サービス"の定義があることから"製品"と"サービス"は別の概念であるが，本規格では注記の記載にあるように，"製品"はサービスを含む概念であるため，両規格を同時に運用するときには注意が必要である．

3.38
要求事項（requirement）
　明示されている，通常暗黙のうちに了解されている又は義務として要求されている，ニーズ又は期待．
　　注記1　"通常暗黙のうちに了解されている"とは，対象となるニーズ又は期待が暗黙のうちに了解されていることが，組織及び利害関係者にとって，慣習又は慣行であることを意味する．
　　注記2　規定要求事項とは，例えば，文書化した情報の中で明示されている要求事項をいう．

❖用語解説

　共通の用語である．ISO 9000:2015 の"3.6.4 要求事項"にも同じ定義が記載されている．"要求事項"には，本規格の要求事項，顧客要求事項，法令・規制要求事項，組織が決めた要求事項などがある．外部との関係において，暗黙のうちに了解されているニーズ又は期待を理解することが重要であるが，組織内部にある暗黙のうちに了解されているニーズ又は期待は，マネジメントシステムの効果的な運用を阻害する場合がある．

3　用語及び定義

> **3.39**
> リスク（risk）
> 　不確かさの影響．
> 　注記1　影響とは，期待されていることから，好ましい方向又は好ましくない方向にかい（乖）離することをいう．
> 　注記2　不確かさとは，事象，その結果又はその起こりやすさに関する，情報，理解又は知識に，たとえ部分的にでも不備がある状態をいう．
> 　注記3　リスクは，起こり得る"事象"（**ISO Guide 73**:2009 の **3.5.1.3** の定義を参照．）及び"結果"（**ISO Guide 73**:2009 の **3.6.1.3** の定義を参照．），又はこれらの組合せについて述べることによって，その特徴を示すことが多い．
> 　注記4　リスクは，ある事象（その周辺状況の変化を含む．）の結果とその発生の"起こりやすさ"（**ISO Guide 73**:2009 の **3.6.1.1** の定義を参照．）との組合せとして表現されることが多い．
> 　注記5　食品安全リスクは，健康への悪影響の確率とこの影響の重大さとの組合せであり，**食品**（**3.18**）中のハザードの結果である（**Codex Procedural Manual**[11] の定義）．

❖用語解説

　共通の用語である．ISO 9000:2015 の"3.7.9 リスク"にも同じ定義が記載されている．"3.39 リスク"の注記5は今回の改訂で追記されたものであるが，さらに"6.1.1"の注記には，公衆衛生上のリスクについての記載がある（87ページ参照）．

　"不確かさ"とは，現在ある不確かさであり，その"不確かさ"が将来もたらす影響のことを"リスク"と定義している．"将来"とは，近い将来もあれば遠い将来もある．どれくらいの将来を見るかによって，リスクも異なる．また注記1では，"影響"は期待されていることから好ましい方向又は好ましくない方向の両方向が考えられる，としている．通常の感覚では，リスクとは好ましくない方向への乖離を意味しているが，ISOマネジメントシステムの定義は，このようにプラスマイナス両方向の意味を含んでいることに注意する必要がある．

> **3.40**
> **重要な食品安全ハザード**(significant food safety hazard)
>   ハザード評価を通じて特定され，**管理手段**(3.8)によって管理される必要がある**食品安全ハザード**(3.22)．

❖**用語解説**

　旧規格の"7.4.3 ハザード評価"において，"安全な食品の生産に必須であるかどうかを，また，その管理が規定の許容水準を満たすために必要であるかどうかを決定するために，ハザード評価を実施すること"という要求事項に基づいて決定された食品安全ハザードに対して，用語として定義したものであり，本規格においても"8.5.2.3 ハザード評価"において同様の要求事項がある．本規格では，"重要な食品安全ハザード"に対する処置，又は活動として"管理手段"(3.8)が使われることに注意する必要がある．

> **3.41**
> **トップマネジメント**(top management)
>   最高位で**組織**(3.31)を指揮し，管理する個人又はグループ．
>   注記1 トップマネジメントは，組織内で，権限を委譲し，資源を提供する力をもっている．
>   注記2 **マネジメントシステム**(3.25)の適用範囲が組織の一部だけの場合，トップマネジメントとは，組織内のその一部を指揮し，管理する人をいう．

❖**用語解説**

　共通の用語である．ISO 9000:2015 の"3.1.1 トップマネジメント"にも同じ定義が記載されている．"マネジメントシステム"(3.25)を導入し，運用する"組織"(3.31)には，トップマネジメントが必要である．この用語の定義にあるように，一人である必要はないが，注記1にある"力"を個人又はグループとしてもつ必要がある．注記2は，大きな組織の一部分でマネジメントシステムを導入する場合は，その部分を指揮し，管理する人であり，注記1にある"力"をもつ人がトップマネジメントとなる．本規格ではいくつかの要求事項が"トップマネジメントは，"という書き出しで始まっている．これら

3 用語及び定義

は，トップマネジメントに対する要求事項となっている．

> **3.42**
> トレーサビリティ（traceability）
> 　生産，加工及び流通の規定された段階を経て，物品の履歴，適用，移動及び所在を追跡する能力．
> 　　**注記1**　移動は，材料の発生源，加工の履歴又は**食品**（**3.18**）の流通に関連付けできる．
> 　　**注記2**　物品とは，**製品**（**3.37**），材料，設備，装置，サービスなどのことがあり得る．
> ［出典：**CAC/GL 60**-2006，修正—注記を追加した．］

❖用語解説

"トレーサビリティ"とは，生産，加工及び配送の段階をトレース（trace），つまり追跡できるということである．"どのような履歴をたどったか""どのように適用されたか""どのように移動したか""いまどこにあるか"などを知ることができる．注記1には，移動について，材料の原産地からの移動，加工途中の移動，製品（食品）の配送に関連することが記載されている．注記2には，追跡する対象の物品（object）について例示がある．

> **3.43**
> 更新（update）
> 　最新情報の適用を確実にするための，即時の及び／又は計画された活動．
> 　　**注記**　更新は，"維持"及び"保持"とは異なる．
> 　　　　　　—"維持"は，何かを使用する状態に保つこと／良好な状態に保つこと．
> 　　　　　　—"保持"は，何かを回収可能（な状態）に保つこと．

❖用語解説

"更新"とは，組織外部の進歩や変化を最新情報として把握し，それに対応することであり，それは判明したときに即座に行うだけでなく，計画的な情報把握に基づく活動として行うことであると定義している．注記では，更新（update）と維持（maintain）と保持（retain）の違いを記しているが，これらの語は"7.5 文書化した情報"の各要求事項との関連で重要な概念である．

> **3.44**
> **妥当性確認**(validation)
> 　＜食品安全＞**管理手段**(3.8)（又は，管理手段の組合せ）が**重要な食品安全ハザード**(3.40)を効果的に管理できる証拠を得ること．
> 　　注記1　妥当性確認は，管理手段の組合せを計画した時点で，又は実施された管理手段に変更が加えられた場合はいつも行われる．
> 　　注記2　この規格では，**妥当性確認**(3.44)，**モニタリング**(3.27)及び**検証**(3.45)の間で区別が行われている．
> 　　　　　―妥当性確認は，活動の前に適用され，意図した結果を実現する能力についての情報を提供する．
> 　　　　　―モニタリングは，活動の最中に適用され，規定された時間内の行動に対する情報を提供する．
> 　　　　　―検証は，活動の後で適用され，適合の確認に関する情報を提供する．

❖**用語解説**

　ISO 9000:2015の"3.8.13 妥当性確認"にも定義が記載されているが，内容は若干異なり，一般的な定義である．ここでは冒頭に"＜食品安全＞"とあるように，食品安全に特化した定義となっている．この定義は注記1の内容も含め，"8.5.3 管理手段及び管理手段の組合せの妥当性確認"の要求事項と同じものである．食品安全の妥当性確認についてはコーデックス委員会のガイドライン"CAC/GL 69-2008 食品安全管理手段の妥当性確認のためのガイドライン"を参照するとよい．

　注記2では，"妥当性確認"(3.44)と"モニタリング"(3.27)と"検証"(3.45)"の3語を理解しやすいように比較して解説している．これは，食品安全に限定されるものではなく，これら三つの用語の一般的な解釈としても有効である．

> **3.45**
> **検証**(verification)
> 　客観的証拠を提示することによって，規定**要求事項**(3.38)が満たされていることを確認すること．
> 　　注記　この規格では，**妥当性確認**(3.44)，モニタリング(3.27)及び**検証**(3.45)

の間で区別が行われている．
　—妥当性確認は，活動の前に適用され，意図した結果を実現する能力についての情報を提供する．
　—モニタリングは，活動の最中に適用され，規定された時間内の行動に対する情報を提供する．
　—検証は，活動後に適用され，適合の確認に関する情報を提供する．

❖用語解説

　ISO 9000:2015 にも"3.8.12 検証"の定義がある．少し異なる言い回しになっているが，意味するところはほぼ同じである．しかし本規格においては，"8.8 PRPs 及びハザード管理プランに関する検証"という要求事項があるように，"検証"という行為が重要視されている．この要求事項を満足するためには，定義に沿った検証活動を行う必要がある．

　注記では，"妥当性確認"（3.44）と"モニタリング"（3.27）と"検証"（3.45）の3語の比較を再度解説している．

4 組織の状況

"4 組織の状況"は，FSMS（食品安全マネジメントシステム）を導入する前に，組織が置かれた状況を把握し，かつ，理解するところから開始し，それに適切に対応するためにマネジメントシステムの適用範囲を決定するという過程を記載している．この箇条のほとんどは，マネジメントシステムの共通要素のうち，共通の要求事項で組み立てられている．従来のマネジメントシステム要求事項は，すでに決まった適用範囲があることを前提に，そこにシステムを導入するところから要求事項が始まっていた．

これに対し，共通要素を採用したマネジメントシステム要求事項では，組織の状況を理解した上で，組織が意図した成果を達成するために必要な適用範囲を決めてマネジメントシステムを構築するという構成になっている．"4 組織の状況"はいわば，FSMS構築の前段階といえる．

4.1 組織及びその状況の理解

> **4 組織の状況**
> **4.1 組織及びその状況の理解**
> 組織は，組織の目的に関連し，かつ，そのFSMSの意図した結果を達成する組織の能力に影響を与える，外部及び内部の課題を明確にしなければならない．
> 組織は，これらの外部及び内部の課題に関する情報を特定し，レビューし，更新しなければならない．
> 注記1　課題には，検討の対象となる，好ましい要因又は状態，及び好ましくない要因又は状態が含まれ得る．
> 注記2　組織の状況の理解は，国際，国内，地方又は地域を問わず，法令，技術，競争，市場，文化，社会及び経済の環境，サイバーセキュリティ及び食品偽装，食品防御及び意図的汚染，組織の知識及びパフォーマンスを含む．ただし，これらに限定されるわけではない．外部及び内部の課題を検討することによって容易になり得る．

❖ **規格解説**

FSMS導入の前段階として，組織の内部及び外部の課題を明確にすること

4　組織の状況

を要求している．"課題"とは，フードチェーン内における組織の役割と目的に関連したものであり，またFSMSを導入して一定の成果を得ようとする組織の能力に影響を与えるものである．

組織はこういった内部及び外部の課題に関連した情報を特定し，見直しを行い，適切に更新する必要がある．

内部及び外部の課題を明確にし，正確に把握しなければならないのはトップマネジメントである．したがって，これらの課題及び関連した情報の特定，見直し，更新といった活動は，マネジメントシステム導入の前段階とはいうものの，マネジメントレビューを通して行うことになる．また，"9.3.2 マネジメントレビューへのインプット"のb)では，組織及びその状況の変化や外部及び内部の課題の変化を取り上げることを要求しているように，これらの課題については，あらかじめ定めた間隔で見直しを行う必要がある．また注記では，課題を検討する上でヒントになる事項が記載されているので参考にするとよい．

❖具体的な考え方《4.1》

内部の課題を抽出するに当たっては，次のような視点で検討するとよい．
① 現在製造販売している製品及びその製品構成
② それらを生産するために保有する工場や設備
③ 管理者や作業者を含めた従業員の力量及び組織体制
④ 自社で保有する技術及び商品開発力

外部の課題については，次のような視点がある．
① 顧客
② 供給者
③ 外部委託先
④ 市場動向及び競合他社
⑤ 業界の技術動向
⑥ 法令及び公的規制

また新しい視点として，次のようなものが組織を取り巻く FSMS の状況を理解する上で重視されるようになることが予想される．

① 食品への意図的な汚染を扱う食品防御及び食品偽装の予防
② 情報処理の IT（情報技術）化に伴うサイバーセキュリティ
③ 地球環境の保護及び持続可能な開発を含めた環境経営

組織の事業をこれらの視点で見たとき，食品安全を管理する上でどのような課題があるか，それをあらかじめ把握しておくことを求めている．

4.2 利害関係者のニーズ及び期待の理解

> **4.2 利害関係者のニーズ及び期待の理解**
> 　組織が食品安全に関して適用される法令，規制及び顧客要求事項を満たす製品及びサービスを一貫して提供できる能力をもつことを確実にするために，組織は，次の事項を明確にしなければならない．
> a) FSMS に密接に関連する利害関係者
> b) FSMS に密接に関連する利害関係者の要求事項
> 　組織は，利害関係者及びその要求事項に関する情報を特定し，レビューし，更新しなければならない．

❖ **規格解説**

a) FSMS に密接に関連する"利害関係者"（3.23），及び b) これら利害関係者の要求事項を決定することを要求している．このことは，組織として食品安全に関して適用される法令，規制及び顧客の要求事項を満たす製品及びサービスを一貫して提供する能力をもつことを示す第一歩となる．

組織は，利害関係者及びその要求事項に関する情報を特定し，見直し，更新する必要がある．

❖ **具体的な考え方《4.2》**

"4.2 利害関係者のニーズ及び期待の理解"もトップマネジメントが大きく関与する部分であり，マネジメントレビューを通して a), b) の決定を行うこ

とになる．また，レビュー及び更新についても，"9.3.2 マネジメントレビューへのインプット"のf)では，利害関係者からの要望及び苦情の情報を取り上げることを要求しており，マネジメントレビューのアウトプットとして"更新する／しない"を判断することが適切であると考えられる．

"密接に関連する利害関係者"の日本語訳は ISO 9001:2015 に倣ったものである．組織の FSMS を考える上で，必要不可欠な利害関係者を意味する．顧客や法令規制当局はもちろんのことであるが，製品の最終消費者，親会社，従業員，近隣住民などが考えられる．しかし，組織の業態や事業環境によって，"密接に関連する利害関係者"は異なり，一律に考えることができないのは当然である．

"法令及び規制の要求事項"について，本規格では次の箇条で，全部で 16 箇所使われている．

5.1 d)，5.2.1 c)，6.2.1 c)，7.4.3 h)，7.5.1 c)，8.2.3，8.3，8.4.2 a)1)，8.5.1.1 a)，8.5.1.2，8.5.1.3，8.5.1.5.3 d)，8.5.2.2.1 e)，8.5.2.2.3 a)，8.5.2.4.2，8.9.5 a)

これらが，法令及び規制の要求事項を FSMS に取り込むことの重要性を示していることはいうまでもない．しかし，単に法律を守るというだけでなく，マネジメントシステムとして法律を守る仕組みづくりがこれらの要求事項の中に見える．つまり，"5 リーダーシップ"では，方針やトップマネジメントのコミットメントとしての法令遵守であり，これは社会的責任を意味する．

"7 支援"では，コミュニケーションにおいて法令及び規制の制定及び改正情報をタイムリーに捉え，文書化した情報としてシステムに取り込むことを要求している．

"8 運用"では，個々の法令及び規制の要求事項を的確に取り込んでそれを遵守した運用を要求しており，様々な活動において該当する法令の有無を確認することになる．しかし規格では，これらの法令及び規制の要求事項が守られていることの評価，つまり遵守評価についての直接の要求事項は見当たらない．強いて言えば，"8.8.1 検証"のe)における"組織が決定したその他活

動"として，これら法令及び規制の要求事項に基づく活動を取り上げ，検証の対象とすることである．これによって遵守状況が検証・評価され，更新や改善の必要性の特定，マネジメントレビューでの処置の決定というように PDCA を回すことができることになり，仕組みづくりが完結する．

4.3 食品安全マネジメントシステムの適用範囲の決定

> **4.3 食品安全マネジメントシステムの適用範囲の決定**
>
> 　組織は，FSMS の適用範囲を定めるために，その境界及び適用可能性を決定しなければならない．適用範囲は，FSMS が対象とする製品及びサービス，プロセス及び生産工場を規定しなければならない．適用範囲は，最終製品の食品安全に影響を与え得る活動，プロセス，製品又はサービスを含まなければならない．
>
> 　この適用範囲を決定するとき，組織は，次の事項を考慮しなければならない．
> a) 4.1 に規定する外部及び内部の課題
> b) 4.2 に規定する要求事項
> 　適用範囲は，文書化した情報として利用可能な状態にし，維持しなければならない．

❖規格解説

　組織として，FSMS を導入して活動する範囲を決めるため，マネジメントシステムを適用できるかどうかを検討し，その境界を決定することを要求している．この範囲を"FSMS の適用範囲"という．適用範囲には，対象とする"製品"（サービスの場合もある）(3.37)，製品を実現する／サービスを提供する"工程（プロセス）"(3.36)，及び生産工場（サービスの場合はサービス提供の場所）を規定する必要がある．

　また適用範囲には，組織の"最終製品"(3.15) の食品安全に影響を与える可能性がある活動，工程（プロセス），製品又はサービスを必ず含める必要がある．これはフードチェーンの中の組織の役割を考えた場合，当然のこととして理解できる．こうして決定した適用範囲は，"4.1 組織及びその状況の理解"及び"4.2 利害関係者のニーズ及び期待の理解"で取り上げた内容を考慮したものであり，かつ，文書化した情報として維持する必要がある．

❖具体的な考え方《4.3》

通常,"適用範囲を定める"とは,
① 範囲に含まれる組織
② 対象とする製品(サービスの場合もある)
③ 生産工場などの場所

の三つの要素を決定することである．組織及び場所を決めると，同時にその組織が責任をもつ工程(プロセス)が決まることになる．注意すべき点は，"3.32 外部委託する"で解説したように(63ページ参照)，外部に委託した工程(プロセス)はマネジメントシステムの範囲の一部であるが，委託を受けた組織は適用範囲の外にあるという考え方である．

適用範囲を文書化した情報には，このように組織，製品(サービスの場合もある)，場所の三つの要素が含まれる．

4.4 食品安全マネジメントシステム

> **4.4 食品安全マネジメントシステム**
> 組織は，この規格の要求事項に従って，必要なプロセス及びそれらの相互作用を含む，FSMS を確立し，実施し，維持し，更新し，かつ，継続的に改善しなければならない．

❖規格解説

組織に対し，本規格の要求事項に従って，FSMS を確立することを要求している．これは同時に，システムを構成するプロセス及びこれらプロセス間の相互に作用する関係を決定することになる．このように確立したシステムを，決められた手順に基づき運用し，使える状態を維持し，常に最新情報を適用するために更新し，そして継続的に改善することが必要である．

❖具体的な考え方《4.4》

4.1, 4.2, 4.3 の要求事項を前提にして 4.4 があると考えられる．ここで要求

している"確立し,実施し,維持し,更新し,かつ,継続的に改善する"ための要求事項の詳細が,本規格の箇条5から箇条10に展開されている.また,このようなマネジメントシステムを"確立し,実施し,維持し,更新し,かつ,継続的に改善する"ための背景にある理論については,序文の"0.3 プロセスアプローチ"に詳しく紹介されているので,参照するとよい.

5 リーダーシップ

"5 リーダーシップ"では全ての書き出しが"トップマネジメントは"で始まっていることからわかるように,トップマネジメントがFSMSの確立・実施・維持・更新・継続的改善に当たって,自らの責任をもって行わなければならない事柄に関する要求事項が記載されている.

5.1 リーダーシップ及びコミットメント

> **5 リーダーシップ**
> **5.1 リーダーシップ及びコミットメント**
> 　トップマネジメントは,次に示す事項によって,FSMSに関するリーダーシップ及びコミットメントを実証しなければならない.
> a) FSMSの食品安全方針及び目標を確立し,それらが組織の戦略的な方向性と両立することを確実にする.
> b) 組織の事業プロセスへのFSMSの要求事項の統合を確実にする.
> c) FSMSに必要な資源が利用可能であることを確実にする.
> d) 有効な食品安全マネジメントの重要性を伝達し,かつ,FSMS要求事項,適用される法令・規制要求事項,並びに食品安全に関する相互に合意した顧客要求事項に適合する.
> e) FSMSが,その意図した結果(4.1参照)を達成するように評価及び維持されることを確実にする.
> f) FSMSの有効性に寄与するよう人々を指揮し,支援する.
> g) 継続的改善を推進する.
> h) その他の関連する管理層がその責任の領域においてリーダーシップを実証するよう,管理層の役割を支援する.
> 　　注記　この規格で"事業"という場合,それは,組織の存在の目的の中核となる活動という広義の意味で解釈され得る.

❖規格解説

"トップマネジメント"(3.41)に対し,その組織が運用するFSMSに対して,自ら積極的に関わり,指示を与えていることを,証拠をもって示すことを要求している.具体的には,次のa)からh)の事項を示すことである.

a) 食品安全方針及びFSMSの目標の確立．これらの方針及び目標は，組織の戦略的方向性と両立する必要がある．ここでいう"組織の戦略的方向性"とは，"4.1 組織及びその状況の理解"にある"組織の目的"を達成するための戦略的方向性を意味する．この事項は"5.2 方針"及び"6.2 食品安全マネジメントシステムの目標及びそれを達成するための計画策定"の要求事項と関連している．

b) 組織が営む通常の業務と本規格の要求事項の融合．これは，業務の二重化を避けるため，トップマネジメントの関与が求められている．

c) "7.1 資源"で取り上げているFSMSに必要な資源の確実な提供．資源不足による食品安全の不備はトップマネジメントの責任である．

d) 次の事項について組織内のコミュニケーションによる確実な伝達．この事項は"5.2 方針"の要求事項と関連している．

・効果的な食品安全マネジメントの重要性
・FSMS要求事項への適合の重要性
・法令・規制要求事項への適合の重要性
・食品安全に関して顧客と相互に合意した要求事項への適合の重要性

e) FSMSの評価及び維持．FSMSの意図した結果（4.1）を達成するためには，評価及び維持が確実に行われる必要がある．この事項は"9 パフォーマンス評価"の要求事項と関連している．

f) 組織の人々が，FSMSの有効性に寄与できるように，人々に対する指揮及び支援．この事項は"7.3 認識"の要求事項と関連している．

g) FSMSの継続的改善の推進．この事項は"9.3.3 マネジメントレビューからのアウトプット"及び"10.2 継続的改善"の要求事項と関連している．

h) 上述した以外にも食品安全に関連する管理者層の役割の支援．これは，管理者層の人々が自らの責任領域においてリーダーシップが発揮できるようにするためである．この事項は"5.3 組織の役割，責任及び権限"の要求事項と関連している．

5　リーダーシップ

❖**具体的な考え方**《5.1》

　トップマネジメントは"3.41 トップマネジメント"で定義されるように，必ずしも社長や経営層の役員である必要はないが，マネジメントシステムの適用範囲の組織の中で，その組織を指揮し，頂点で管理する人又はグループである必要がある．大きな組織の一部の組織でマネジメントシステムを導入する場合，そのトップマネジメントは必ずしも資源を提供する力をもっていないかもしれない．しかしその場合であっても，トップマネジメントは，資源を提供する力のある組織に対して，必要な資源を請求し，提供される資源に対して責任をもつ必要がある．

　a)からh)の事項は，トップマネジメントの役割としてある意味当然の事柄が記載されている．また，上述したように，関連する要求事項があるものはそれらを満たすことによって同時にリーダーシップ及びコミットメントの実証ができると考えられる．

5.2　方針

5.2　方針
5.2.1　食品安全方針の確立
　トップマネジメントは，次の事項を満たす食品安全方針を確立し，実施し，維持しなければならない．
- a)　組織の目的及び状況に対して適切である．
- b)　FSMSの目標の設定及びレビューのための枠組みを与える．
- c)　食品安全に適用される法令・規制要求事項及び相互に合意した顧客要求事項を含む該当する食品安全要求事項を満たすことへのコミットメントを含む．
- d)　内部及び外部コミュニケーションに取り組む．
- e)　FSMSの継続的改善へのコミットメントを含む．
- f)　食品安全に関する力量を確保する必要性に取り組む．

❖**規格解説**

　食品安全方針を決定するのは，トップマネジメントである．トップマネジメントに対し，食品安全方針を組織内に伝達することによって方針を実施し，か

つ最適な状態に維持することを要求している．

食品安全方針の内容に対する要求事項としては，次の事項がある．

a)　"4.1 組織及びその状況の理解"で取り上げた，組織の目的及びその状況に対しての適切性．

b)　目標のための枠組み．"方針を策定し，その実現のために目標を設定して，目標の達成を目指す"というのが"マネジメントシステム"（3.25）である．したがって，食品安全方針は，FSMS の目標を設定する場合，及びそれを見直す場合の枠組みを提供する必要がある．これは"6.2 食品安全マネジメントシステムの目標及びそれを達成するための計画策定"の要求事項と関連する．

c)　組織として，食品安全に関する要求事項を満たすことへのコミットメント．この場合の要求事項には，法令・規制要求事項だけでなく相互に合意した顧客要求事項が含まれる．

d)　内部及び外部のコミュニケーションへの取組みの表明．これは"7.4 コミュニケーション"の要求事項と関連する．

e)　FSMS に対して継続的改善を行うというコミットメント．これは"10.2 継続的改善"の要求事項と関連する．

f)　力量確保への取組み．食品安全を実現するためには，関連する業務を行う組織の人々の力量が重要である．したがって，食品安全方針は，必要とする力量確保に対する取組みを表明する必要がある．これは"7.2 力量"の要求事項と関連する．

5.2.2　食品安全方針の伝達

　食品安全方針は，次に示す事項を満たさなければならない．
a)　文書化した情報として利用可能な状態にされ，維持される．
b)　組織内の全ての階層に伝達され，理解され，適用される．
c)　必要に応じて，密接に関連する利害関係者が入手可能である．

❖規格解説

　"5.2.1"の事項を満たした内容を含み，設定された食品安全方針の伝達につ

いて，次の三つの要求事項がある．
  a) 文書化した情報として，必要なときに常に利用できるように維持する．
  b) 組織内の全ての人々に知らされ，その内容が理解されており，加えて，人々の業務にこの方針が当てはめられる．つまり，方針は実際の業務に反映されて初めて意味をもつことになる．
  c) 必要であれば，密接に関連する利害関係者が入手可能である．会社のウェブサイトなどを通じて，広く世間に公表することもできるし，顧客などの求めに応じて伝達することもできる．

❖具体的な考え方《5.2》

　"方針"（3.34）は英語の"policy"の日本語訳である．食品安全に関する組織としてのポリシーを文書化，つまり見える形にして社員を含む，密接に関連する利害関係者に示す必要がある．社是や社訓といった創業以来の会社方針をもつ会社も多くある．また経営全般についての経営方針を掲げる会社もある．これらすでにある方針に"5.2.1 食品安全方針の確立"の a) から f) の内容が含まれていれば，新たに食品安全方針という名称の方針を立てる必要はない．
　食品安全方針の伝達について，"5.2.2 食品安全方針の伝達"の c) にある"密接に関連する利害関係者"は，4.2 の"❖具体的な考え方《4.2》"を参照するとよい（74 ページ）．

5.3　組織の役割，責任及び権限

> **5.3　組織の役割，責任及び権限**
> **5.3.1** トップマネジメントは，関連する役割に対して，責任及び権限が割り当てられ，組織内に伝達され，理解されることを確実にしなければならない．
> 　トップマネジメントは，次の事項に対して，責任及び権限を割り当てなければならない．
> **a)** FSMS が，この規格の要求事項に適合することを確実にする．
> **b)** FSMS のパフォーマンスをトップマネジメントに報告する．
> **c)** 食品安全チーム及び食品安全チームリーダーを指名する．
> **d)** 処置を開始し，文書化する明確な責任及び権限をもつ人を指名する．

❖**規格解説**

　トップマネジメントに対し，FSMSの効果的な運用・維持のために，それぞれの役割に対して必要な責任及び権限を定めた上で組織内に伝達し，それが各従業員によって確実に認識されている状態にすることを要求している．

　本規格に基づくFSMSを運用管理する上で必要とするa)からd)の責任及び権限を，適切な人（又は人々）に割り当てることを要求している．

　a) 組織が導入して運用しているFSMSが，本規格の要求事項に適合しているという状態を保っているということに対する責任及び権限．これは，組織にFSMSを導入し，運用管理する上での責任者であり，多くの場合食品安全チームリーダーが兼務している．

　b) 組織のFSMSのパフォーマンスをトップマネジメントに報告する責任及び権限．これは，本規格"9.3.2 マネジメントレビューへのインプット"のc)にあるように，"FSMSのパフォーマンス及び有効性に関する情報"をマネジメントレビューで報告する責任者となる．

　c) 食品安全チームのメンバー及び食品安全チームリーダーを指名する責任及び権限．トップマネジメント自らが指名している場合もあるが，指名する責任及び権限を別の人に割り当てることができる．

　d) 処置を開始し，かつその処置を文書化する責任及び権限．ここでいう"処置"は，修正や是正処置をはじめとした，FSMSを運用する上で発生する様々な処置を意味する．これらの処置は，だれでも勝手に実施を決定し，開始してよいというわけではない．開始を決定できる責任者を決めなければならない．また多くの場合，とった処置は文書化することが本規格でも要求されており，正確な内容を記録に残すためには，文書化の責任者も重要である．これらは一人の人に割り当てるというより，職責に応じた責任及び権限として割り当てることになる．ここで責任及び権限を割り当てられた人は，"5.3.3"の"あらかじめ決められた人"に対応している．

5 リーダーシップ

> **5.3.2** 食品安全チームリーダーは，次の点に責任をもたなければならない．
> a) FSMS が確立され，実施され，維持され，また更新されることを確実にする．
> b) 食品安全チームを管理し，その業務を取りまとめる．
> c) 食品安全チームに対する関連する訓練及び力量（**7.2** 参照）を確実にする．
> d) FSMS の有効性及び適切性について，トップマネジメントに報告する．

❖規格解説

"5.3.2" では，指名された食品安全チームリーダーの責任が四つ示されている．

a) 組織の FSMS の PDCA を確実に回す責任．この概念は序文の "0.3.2 Plan-Do-Check-Act サイクル" に詳しく記載されている．

b) 食品安全チームとしての仕事を管理してうまく進める責任．チームとしての最小限の仕事は，本規格の中で "食品安全チームは" という書き出しの要求事項で示されている．

c) 食品安全チームに対する訓練を実施して，自身を含む食品安全チームメンバーの力量を確保する責任．これは，構成メンバーの力量が食品安全上の問題発見や解決に大きな影響を与えるからである． "7.2 力量" の c) の要求事項と関連する．

d) 組織の FSMS の有効性及び適切性について，トップマネジメントに報告する責任．これらは通常マネジメントレビューで報告される．

> **5.3.3** 全ての人々は，FSMS に関する問題をあらかじめ決められた人に報告する責任をもたなければならない．

❖規格解説

適用範囲に属する全ての人は，組織の FSMS に関する問題点に気付いたとき又は発見したとき，それを必ず報告するという責任をもつ．問題の報告を受け，処置の着手と記録に責任及び権限をもつ人は "5.3.1" の d) であらかじめトップマネジメントにより責任及び権限が割り当てられている人である．これ

によって，発生した問題を処置するための道筋を明らかにし，発生した問題が処置されずに放置されることがない仕組みを作ることができる．

❖具体的な考え方《5.3》

　責任及び権限の伝達は，通常，多くの企業では組織図の作成や業務分掌規程の発行といった形で行われているが，必ずしもそういった文書を発行することが求められているわけではない．規模の小さな組織の場合には，口頭で組織内に伝達されて，組織の全員がそれを理解しているという場合も考えられる．この場合は，組織の全員が同じ理解にあることが重要である．

6 計画

"6 計画"は"6.1 リスク及び機会への取組み"と"6.2 食品安全マネジメントシステムの目標及びそれを達成するための計画策定"と"6.3 変更の計画"の三つの箇条で構成されている．これら三つは，マネジメントシステムを計画する上で，それぞれが独立した要求事項となっているように見える．しかし，6.1と6.2については，リスク及び機会への取組み方法として達成すべき目標を設定することが，より確実な成果に結び付けることができると考えると，相互の関連が理解できる．また，6.1と6.3については，変更に伴うリスク評価の重要性を考えれば，変更を計画する時点で取り組む必要があるリスク及び機会が明確になる場合もあり，両者が密接に関連していることがわかる．

6.1 リスク及び機会への取組み

> **6 計画**
> **6.1 リスク及び機会への取組み**
> **6.1.1** FSMSの計画を策定するとき，組織は，4.1に規定する課題及び4.2並びに4.3に規定する要求事項を考慮し，次の事項のために取り組む必要があるリスク及び機会を決定しなければならない．
> **a)** FSMSが，その意図した結果を達成できるという確信を与える．
> **b)** 望ましい影響を増大する．
> **c)** 望ましくない影響を防止又は低減する．
> **d)** 継続的改善を達成する．
> 　　注記　この規格において，リスク及び機会という概念は，FSMSのパフォーマンス及び有効性に関する事象及び，その結果に限定される．公衆衛生上のリスクに取り組む責任をもつのは規制当局である．組織は**食品安全ハザード（3.22参照）**のマネジメントを要求されており，このプロセスに関する要求事項は箇条8に規定されている．

❖規格解説

序文の"0.3.3 リスクに基づく考え方"において，"6.1 リスク及び機会への取組み"でいうリスクへの取組みとは，"この規格の要求事項に適合するた

めに，組織のリスクへの取組み"であると説明している（37ページ参照）．これは，6.1の注記に記された"リスク及び機会という概念は，FSMSのパフォーマンス及び有効性に関する事象及び，その結果に限定される．"という部分と一致する．続いて"公衆衛生上のリスクに取り組む責任をもつのは規制当局である．"と記載されている．つまり，FSMSで取り上げるリスク及び機会の概念は，公衆衛生を前提とした食品安全リスクとは明確に区分されていることを理解する必要がある．

リスク及び機会に取り組む目的として次の四つが挙げられている．

a）FSMSの意図した結果，すなわち"1 適用範囲"のa）からg）に記載された事項を達成するに足るマネジメントシステムであるという確信を利害関係者に与える．

b）リスクの定義（3.39）にあるように，将来良い影響を与える可能性があれば，それは望ましいものとして，その影響をより強化する．

c）逆に，将来悪い影響を与える可能性があれば，それは望ましくないものとして，その影響を防止又は低減する．

d）今ある機会を捉えて，マネジメントシステムの継続的な改善につなげる．

これらの目的のために，取り組む必要があるリスク及び機会を決定することを要求している．

その際，"4.1 組織及びその状況の理解"で明確にした，内部及び外部の課題，"4.2 利害関係者のニーズ及び期待の理解"で決定した要求事項及び"4.3 食品安全マネジメントシステムの適用範囲の決定"で決定した適用範囲を考慮する必要がある．先に挙げた課題は主にリスクにつながり，後のニーズ，期待及び適用範囲はリスクにつながる面もあるが，一方では組織にとって有利に働く機会をもたらす面もあると考えられる．

6.1.2 組織は，次の事項を計画しなければならない．
a) 上記によって決定したリスク及び機会への取組み
b) 次の事項を行う方法

6 計　画

> 1) その取組みのFSMSプロセスへの統合及び実施
> 2) その取組みの有効性の評価

❖規格解説

a) "6.1.1"で決定したリスク及び機会への取組みを計画することを要求している．実施の計画には，取組み活動の内容，責任者，日程などが含まれる．

b) 1) この取組みは，FSMSのプロセスに組み入れて実施することを計画する必要がある．外部の課題や利害関係者の要求事項に関連した取組みは"7.1.6 外部から提供されるプロセス，製品又はサービス"及び"7.4.2 外部コミュニケーション"などと関連し，内部の課題に関連した取組みは"7.1.2 人々""7.1.3 インフラストラクチャ""7.1.4 作業環境""7.4.3 内部コミュニケーション"及び"8.4.2 緊急事態への準備及び対応"などと関連して，組織のFSMSに取り込まれることが考えられる．

b) 2) この取組みの有効性の評価方法を計画する必要がある．これは"8.8 PRP及びハザード管理プランの検証"と"9.1 モニタリング，測定，分析及び評価"の要求事項に関連して計画することになる．

6.1.3 組織がリスク及び機会に取り組むためにとる処置は，次のものと見合ったものでなければならない．

a) 食品安全要求事項への影響
b) 顧客への食品及びサービスの適合性
c) フードチェーン内の利害関係者の要求事項

> 注記1　リスク及び機会に取り組む処置には，リスクを回避すること，ある機会を追求するためにそのリスクをとること，リスク源を除去すること，起こりやすさ若しくは結果を変えること，リスクを共有すること，又は情報に基づいた意思決定によってリスクの存在を容認することが含まれ得る．
>
> 注記2　機会は，新たな慣行（製品又はプロセスの修正）の採用，新たな技術の使用，及び組織又はその顧客の食品安全ニーズに取り組むためのその他の望ましくかつ実行可能な可能性につながり得る．

❖規格解説

リスク及び機会への取組みを行う活動は，過大でも過小でもないバランスが重要である．そのバランスを判断するために，次のような検討を行うことを要求している．

a) この活動は，食品安全に関する要求事項に与える影響に見合っているか．

b) この活動は，組織の製品である食品及びサービスの顧客要求事項への適合と釣り合っているか．

c) この活動は，フードチェーン内の利害関係者の要求事項と釣り合っているか．

注記1ではリスクへの取組み方の一般的なパターンを示している．リスク回避は文字どおりリスクを避けて取組みを進めることであるが，リスクそのものは存在している．"リスクをとる"とは，好ましい方向への乖離が期待できるとき，すなわち機会を利用するため，積極的にリスクを受けることである．"リスク源の除去"とは，回避より積極的にリスクそのものを除去する取組みのことである．"リスクの起こりやすさ又は結果を変更する"とは，発生頻度を下げる，結果を軽減する処置をとることである．"リスクの共有"とは，保険に代表されるように，負の結果を共有して負担を分散することである．"リスクの容認"とは，座して結果を待つことであるが，十分な経過情報を得て，場合によっては異なる取組みへの方向転換が必要である．

注記2にある"機会"とは，組織がもつ強みと言い換えることができる．組織が，現在もつ強みを発揮して，食品安全のニーズに取り組むために，新技術やその他実行可能な方策を用いて，製品や製造のプロセスに新しい方式を採用する取組みを開始することは，機会への取組みの一つである．また機会とはチャンスであると考えると，チャンスが巡ってきたときに，間髪を入れずにそれを獲得する俊敏さを備えておくことも重要である．これには，外部・内部のコミュニケーションによる情報の入手と伝達，それに伴う迅速な判断が求められる．"機会"については，"0.3.3.2 組織のリスクマネジメント"を参照するとよい（37ページ）．

6 計　画

❖具体的な考え方《6.1》

"6.1 リスク及び機会への取組み"では，取り組む必要があるリスク及び機会を決定して（"6.1.1"），それに取り組むための計画を策定し（"6.1.2"），組織に見合った処置（"6.1.3"）を実施することが要求の骨子となっている．取り組む必要があるリスク及び機会を決定する手法については，特段の要求事項はないことに注意が必要である．組織の規模や能力に応じて，リスクマネジメントの手法を採用する場合もあれば，個々に取り上げたリスクの発生頻度とその重大性の評価を行うという手法もある．また，直観的に決定する手法であってもよいと考えられる．重要なことは，そうして決定したリスク及び機会への取組みを計画し，実施し，有効性の評価を行うことであり，いわゆるPDCAを回すことである．

本規格の要求事項ではないが，GFSIベンチマーク要求事項にある食品防御や食品偽装の予防を，"取り組む必要のあるリスク"とすることもできる．これらは，組織の状況の理解から生まれる内部及び外部の課題であり，また顧客の要求事項として組織に提示される場合もある．いずれにしても，組織のFSMSの意図した成果を阻害する要因であり，いつそういった被害に遭うかもしれないという不確かさの影響を考慮することは意味あることと考えられる．

6.2　食品安全マネジメントシステムの目標及びそれを達成するための計画策定

6.2　食品安全マネジメントシステムの目標及びそれを達成するための計画策定

6.2.1　組織は，関連する機能及び階層において，FSMSの目標を確立しなければならない．

　　FSMSの目標は，次の事項を満たさなければならない．

a)　食品安全方針と整合している．
b)　（実行可能な場合）測定可能である．
c)　法令，規制及び顧客要求事項を含む，適用される食品安全要求事項を考慮に入れる．

 d) モニタリングし，検証する．
 e) 伝達する．
 f) 必要に応じて，維持及び更新する．
  組織は，FSMSの目標に関する，文書化した情報を保持しなければならない．

❖規格解説

　"マネジメントシステム"（3.25）の定義に"目標及びその目標を達成するためのプロセスを確立する"とあるように，マネジメントシステムと目標は密接な関係にある．FSMSの目標をマネジメントシステムの適用範囲内にある組織の機能及び階層において確立することを要求している．これは全ての機能及び階層で目標を確立するという要求事項ではなく，目標を達成するための計画を策定する場合に，その責任を負う機能及び階層が必要であること意味している．ここでいう"機能及び階層"とは，一般的には組織内の部署のことである．

　FSMSの目標の要件が示されている．

　a) "5.2 方針"で確立した食品安全方針と整合している．

　b) 取組みの進捗や結果が測定可能である．"測定"（3.26）の結果として値が得られることが定義からわかる．これによって目標は"パフォーマンス"（3.33）と関連していることがわかる．ただし，これには"実行が可能な場合"とあり，測定できない目標も容認されている．

　c) 組織が提供する製品に適用される食品安全要求事項を考慮に入れる．これは法令・規制要求事項，顧客要求事項などである．

　d) モニタリングする．これは目標の取組みの活動状況を把握することを意味し，測定することも含まれる．検証する．これはモニタリング結果の正しさを確かめることを意味する．

　e) 伝達する．これは，目標の取組みや進捗状況を関係者に伝えると同時に，必要に応じてこれらの関係者から意見を集めることであり，双方向のコミュニケーションが成立していることを意味する．

　f) 目標を維持及び更新する．これは，一旦確立した目標であってもその適切性を見直し必要に応じて改訂することを意味する．

目標に関しては，文書化した情報として保持する必要がある．どの程度まで詳しい内容を文書化するかについては規定がないが，"6.2.2"にある事項が最低限の文書化する内容であると考えられる．

6.2.2　組織は，FSMSの目標をどのように達成するかについて計画するとき，次の事項を決定しなければならない．
a）実施事項
b）必要な資源
c）責任者
d）実施事項の完了時期
e）結果の評価方法

❖規格解説

FSMSの目標を達成するための計画として，あらかじめ決定しておかなければならない事項は次のとおりである．

a）実施事項．目標として何を実施するかであり，これは"6.2.1"のa）からc）と関連する．

b）必要な資源．目標の取組みを進めるに当たって必要な資源であり，これは人，物，情報，資金の四つの面から検討が必要である．

c）責任者．目標達成に責任をもつ人である．

d）実施事項の完了時期．いつまでに終わるのか，また目標達成に至る途中段階（いわゆる，マイルストーン）を設定して，その完了時期を含めて計画することもある．

e）結果の評価方法．取組みによって目標が達成できたかどうかの結果を判断する必要がある．そのためには，

① 目標によって達成すべき結果とは何か［6.2.1のb）と関連する．］
② その結果をどのように把握するか［6.2.1のd）と関連する．］
③ 把握した結果をどのように評価するか

という3段階の計画が必要である．前項で説明したように，目標達成に至る

途中段階を設定している場合は，いわゆる進捗管理として，それぞれの途中段階で①，②，③の計画が必要となる．進捗管理の段階で，目標そのものの適切性のレビューを行う場合もあるが，これは 6.2.1 の f) と関連する．

❖具体的な考え方《6.2》

ISO 9001 における品質目標，ISO 14001 における環境目標と同様の位置付けのものであるが，"食品安全目標" と呼ばない理由については，"目標"（3.29）の解説を参照するとよい（61 ページ）．

具体的に何を目標として設定するかについて，規格からは，

①　FSMS によって達成すべきもの［目標の定義（3.29）］
②　食品安全方針と整合したもの［6.2.1 a）］

という情報しか得られない．逆にいえば，これらを満たす範囲であれば，目標とするテーマについての自由度は大きいといえる．

6.3　変更の計画

> **6.3　変更の計画**
> 　組織が，人の変更を含めて FSMS への変更の必要性を決定した場合，その変更は計画的な方法で行われ，伝達されなければならない．
> 　組織は，次の事項を考慮しなければならない．
> a）　変更の目的及びそれによって起こり得る結果
> b）　FSMS が継続して完全に整っている．
> c）　変更を効果的に実施するための資源の利用可能性
> d）　責任及び権限の割当て又は再割当て

❖規格解説

FSMS のある部分について，変更の必要性が明らかになった段階で，変更が計画的な方法で実施され，かつ関係者への伝達が計画的に行われることを要求している．

変更に当たって考慮する事項は次のとおりである．

6 計　画

　a）変更の目的及びそれによって起こり得る結果．変更の目的を明確にしなければならないのは当然ではある．"変更によって起こり得る結果"とは，変更によるリスクである．変更に伴う事故を未然防止するためには，リスクを事前に検討し，必要な対応を計画することを考慮する必要がある．

　b）FSMS が継続して完全に整っている．これは，変更を行う際に FSMS の完全性が失われてはならないということを意味する．その目的は，変更箇所が FSMS の対象外となることにより，結果的に食品安全上の問題が発生することを防ぐことである．

　c）変更を効果的に実施するための資源の利用可能性．これは，変更を実施するに当たって必要な資源であり，人，物，情報，資金の四つの面から考慮する必要がある．

　d）責任及び権限の割当て又は再割当て．これは，変更を実施するための責任者を割り当てること，及び適切な人に変更の実施に必要な権限を与えることを意味する．上記の a）から c）を理解した人又はチームに割り当てられるよう，また割当ての適切性に問題があるときは，再割当てを考慮することを要求している．

　なお，"8.1 運用の計画及び管理"に，計画した変更を管理する要求事項がある．

❖ 具体的な考え方《6.3》

　変更に関しては，"7.4.3 内部コミュニケーション"に a）から m）に具体的な事項が並んでいる．また，"8.9.3 是正処置"及び"10.1 不適合及び是正処置"において実施される是正処置もシステムの変更を伴うことがある．これら以外にも，"9.3.3 マネジメントレビューからのアウトプット"にある食品安全システムの更新及び変更，"10.2 継続的改善"にある改善，及び"10.3 食品安全マネジメントシステムの更新"，これらは全てシステムに何らかの変更を伴うため，変更の必要性を決定した時点で"6.3 変更の計画"の要求事項の適用を受ける．

7 支援

序文の"0.3 プロセスアプローチ"で示されたPDCAサイクルの概念図（本規格の図1，本書では35ページ参照）のうち，FSMS全体の枠組みを対象とした，いわゆるシステムレベルのPDCAによると，"7 支援"はPlanに分類されている．しかし，"支援"という表題にあるように，確立されたFSMSを運用するための支えの部分についての要求事項である．

"7.1 資源"の中で，"7.1.1 一般"は資源全般を，7.1.2以降に具体的な資源についての要求事項がある．"7.2 力量"及び"7.3 認識"ではシステムに関わる人に関する部分を，"7.4 コミュニケーション"ではシステム内部・外部の人たち相互のコミュニケーションを，"7.5 文書化した情報の管理"ではシステムを支える情報の管理を取り扱っている．

7.1 資源

> **7 支援**
> **7.1 資源**
> **7.1.1 一般**
> 　組織は，FSMSの確立，実施，維持，更新及び継続的改善に必要な資源を明確にし，提供しなければならない．
> 　組織は，次の事項を考慮しなければならない．
> **a)** 既存の内部資源の実現能力及びあらゆる制約
> **b)** 外部資源の必要性

❖**規格解説**

　FSMSを確立し，実施し，維持し，更新し，継続的に改善するために必要な資源を明確にし，提供することを組織に要求している．ここでいう資源は，人・物・情報・資金を意味している．"確立，実施，維持，更新及び継続的改善"という語句は，"4.4 食品安全マネジメントシステム"でも使われているように，マネジメントシステムの活動全てを意味し，それに必要な資源を組織

は提供する必要がある．しかし，その提供に当たって考慮すべき点がある．

　a）内部的にすでにもっている資源の能力及びこれらのあらゆる制約事項．すでに組織の内部にある資源を見極めることが第一である．

　b）外部の資源を利用することの必要性．内部の資源で不足するものは，内部で保有できるように調達するか，外部の資源を利用するか，の二者択一となる．このときに，外部資源の必要性を十分考慮することによって，二者択一の答えを得ることができる．外部の資源について具体的には，"7.1.2 人々"にある外部の専門家と，"7.1.5 外部で開発された食品安全マネジメントシステムの要素"と"7.1.6 外部から提供されるプロセス，製品又はサービス"が該当し，これらを利用することの必要性をあらかじめ考慮しておく必要がある．

7.1.2 人々

　組織は，効果的なFSMSを運用及び維持するために必要な人々に力量（**7.2**参照）があることを確実にしなければならない．

　FSMSの構築，実施，運用又は評価に外部の専門家の協力が必要な場合は，外部の専門家の力量，責任及び権限を定めた合意の記録又は契約を，文書化した情報として利用可能な状態に保持しなければならない．

❖**規格解説**

　"効果的なFSMSを運用及び維持するために必要な人々"と記載することで，範囲を限定しているようにも見えるが，組織の中でFSMSに関わる全ての人について"力量"（3.4）があること"が要求事項となっている．

　"外部の専門家の協力を必要とする開発，実施，運用又は評価"とは，FSMSのほとんど全ての領域を意味している．つまり，マネジメントシステムの専門知識や，食品安全の領域の専門知識（例えば，微生物学，栄養学）をもってシステムの開発や実施の協力をするだけでなく，システム運用のための協力をしている人を含む，いわゆるコンサルタントがこれに該当する．外部専門家の協力が必要なときは，その人の力量（学歴・職歴・業務経験・資格など），責任及び権限を定めた合意事項を契約書などの形で文書化した情報とし

て保持することを要求している．

❖ **具体的な考え方《7.1.2》**

　人々の力量に関しては，この"7.1.2 人々"だけではなく"7.2 力量"に詳細な要求事項がある．また，外部専門家についてはここでの要求事項に加え，外部専門家が組織に提供するサービスについて"7.1.6 外部から提供されるプロセス，製品又はサービス"にある a) から d) の要求事項が該当する．

7.1.3 インフラストラクチャ
　組織は，FSMS の要求事項に適合するために必要とされるインフラストラクチャの明確化，確立及び維持のための資源を提供しなければならない．
　　注記　インフラストラクチャには，次のものが含まれ得る．
　　　　　―土地，輸送用設備，建物及び関連ユーティリティ
　　　　　―設備，これにはハードウェア及びソフトウェアを含む．
　　　　　―輸送
　　　　　―情報通信技術

❖ **規格解説**

　注記に例示があるように，"インフラストラクチャ"とは，事業を行う上で必要とする物や情報技術であり，事業基盤となるものである．本規格の要求事項に適合した FSMS を運用するために必要とするインフラストラクチャを明確にし，それらを確立しかつ維持するために必要な資源の提供を要求している．

　注記にある"土地，輸送用設備，建物，関連ユーティリティ，設備，輸送"といったインフラストラクチャの運用・管理の手順は"8.2 前提条件プログラム（PRPs）"で扱うことになる．より具体的な手順については ISO/TS 22002 シリーズで取り上げられている．情報通信技術（ICT）について明確化，確立及び維持のための資源は，本規格で明確に記載されていないが，"7.4 コミュニケーション"や"7.5 文書化した情報"といった要求事項に基づき業務を円滑に実施するために，組織の規模や能力に応じて提供されることが期待される．

❖具体的な考え方《7.1.3》

インフラストラクチャに関係する法令・規制として厚生労働省からは，食品衛生法の第 51 条で"都道府県は，飲食店営業その他公衆衛生に与える影響が著しい営業であって，政令で定めるものの施設につき，条例で，業種別に，公衆衛生の見地から必要な基準を定めなければならない"と定めている．しかし，食品衛生法は，HACCP 制度化に関して改正が行われたばかりであり，現在，業種別の区分を含め，関連する政省令の改正が進められている．

また農林水産省からは，家畜の飼養に係る衛生管理の方法に関し，家畜伝染病予防法（平成 26 年法律第 69 号）の第 12 条 3 項に基づく"飼養衛生管理基準"（最終改正平成 29 年 2 月 1 日）が定められている．

これらは，"4.2 利害関係者のニーズ及び期待の理解"の b) の密接に関連する利害関係者，特に法令・規制の要求事項にも関連してインフラストラクチャを検討する際に考慮する必要がある．

7.1.4 作業環境

組織は，FSMS の要求事項に適合するために必要な作業環境の確立，管理及び維持のための資源を明確にし，提供し，維持しなければならない．

注記 適切な環境は，次のような人的及び物理的要因の組合せであり得る．
  a) 社会的要因（例えば，非差別的，平穏，非対立的）
  b) 心理的要因（例えば，ストレス軽減，燃え尽き症候群防止，心のケア）
  c) 物理的要因（例えば，気温，熱，湿度，光，気流，衛生状態，騒音）
これらの要因は，提供する製品及びサービスによって大いに異なり得る．

❖規格解説

組織は，本規格の要求事項に適合した FSMS を運用するために必要とする作業環境を確立し，管理し，かつ維持するための資源を明確にし，提供し，維持することを組織に要求している．注記にあるように，この"7.1.4 作業環境"で取り扱うのは作業者が作業する環境のことである．労働環境と言い換えることができる．"c) 物理的要因"のみならず，"a) 社会的要因"及び"b) 心理的要因"も重要である．加工，保管，輸送などの間に原材料及び製品が

置かれる環境については、"8.5.1.5.3 工程及び工程の環境の記述"にあるように、"工程の環境"の語句が使われており、"作業環境"とは明確に区別されている。

7.1.5 外部で開発された食品安全マネジメントシステムの要素

　組織が、FSMSの、PRPs、ハザード分析及びハザード管理プラン（**8.5.4 参照**）を含む外部で開発された要素の使用を通じて、そのFSMSを確立、維持、更新及び継続的改善をする場合、組織は、提供された要素が次のとおりであることを確実にしなければならない。
a) この規格の要求事項に適合して開発されている。
b) 組織の現場、プロセス及び製品に適用可能である。
c) 食品安全チームによって、組織のプロセス及び製品に特に適応させてある。
d) この規格で要求されているように実施、維持及び更新されている。
e) 文書化した情報として保持されている。

❖規格解説

　表題にある"外部で開発された食品安全マネジメントシステムの要素"とは、本規格の"8 運用"で要求されている前提条件プログラム（PRP）、フローダイアグラム、ハザード分析、ハザード管理プランなどのうち、組織の外部で開発されたものを意味している。このとき"外部で開発された"とは、法令・規制で定められたものや、業界団体が作成したもの、企業グループとして作成したもの、コンサルティング会社が作成したものなどが考えられる。

　この要求事項は中小規模の組織が独自に、本規格に基づくFSMSを導入することが困難な場合を想定して設けられている。このような組織が、FSMSを確立、維持、更新及び継続的改善をする場合に、いわゆるモデルとしてこれらの外部で開発された要素を使用する場合に、次のa)からe)の条件を満たすことを要求している。

　a) この規格の要求事項に適合している。モデルとしてあらかじめ開発されたものであっても、本規格要求事項に適合しないものは認められない。

　b) 組織の現場、プロセス、製品に適用可能である。つまり、組織の実態と

c) b)項では"適用可能"を示し，続いて実際に組織の実態に合わせたものになっていることを要求している．また組織の実態に合わせる作業は，食品安全チームが実施する必要がある．

d) 次の段階として，実施，維持，更新についても，本規格の要求事項に適合している必要がある．

e) 利用した"外部で開発された食品安全マネジメントシステムの要素"がどのようなものであったかということを，文書化した情報として保持する必要がある．

❖**具体的な考え方**《7.1.5》

外部で開発された FSMS の要素を使用しない組織には該当しない要求事項であるが，特に該当しない旨を宣言する必要はない．

2018 年 6 月の食品衛生法改正に伴い，HACCP の制度化が決定された．この流れを受けて，厚生労働省では HACCP の普及推進，技術的助言に努めており，特に中小規模の組織の負担軽減を図るために様々な取組みを行っている．その一環として，食品等事業者団体が作成した業種別手引書を厚生労働省のウェブサイトで公開している．詳細については，

"厚生労働省ホーム＞政策について＞分野別の政策一覧＞健康・医療＞食品＞HACCP（ハサップ）"

でたどることができる．これらの情報を利用する場合は，この"7.1.5"の要求事項が該当する．

7.1.6 外部から提供されるプロセス，製品又はサービスの管理
　組織は，次の事項を行わなければならない．
a) プロセス，製品及び／又はサービスの外部提供者の評価，選択，パフォーマンスのモニタリング及び再評価を行うための基準を確立し，適用する．
b) 外部提供者に対して，要求事項を適切に伝達する．

> c) 外部から提供されるプロセス，製品又はサービスが，FSMS の要求事項を一貫して満たすことができる組織の能力に悪影響を与えないことを確実にする．
> d) これら活動及び，評価並びに再評価の結果としてのあらゆる必要な処置について，文書化した情報を保持する．

❖規格解説

　組織の外部から提供されるプロセス，製品又はサービスを考えたとき，これらの提供者に対しては，a) から d) の要求事項が適用される．

　a) 外部提供者について，評価，選択，パフォーマンスのモニタリング，再評価を行うための基準を定め，その基準に基づき，これらを実施する必要がある．ここでいうパフォーマンスは食品安全の関わるものに限定される．このパフォーマンスの指標が再評価の基準に含まれており，モニタリング結果が評価につながっている必要がある．

　b) 外部提供者に対しては，提供するプロセス，製品及び／又はサービスについて，組織から食品安全に関する要求事項の伝達が適切に行われている必要がある．どのような要求事項があるかについて，組織は自らの製品のハザード分析などを通して理解していることが前提となる．何らかの文書によって伝達することが，伝達が適切であることの証拠となる．

　c) どの範囲までの外部提供者がこの要求事項に該当するかについては，本規格の要求事項を一貫して満たすことができる組織の能力に影響を与える可能性のある範囲である．主に，"8 運用"の要求事項に関わる外部提供者が該当することになる．つまり"8.5.1.2 原料, 材料及び製品に接触する材料の特性"で示される物の提供者，及び"8.3 トレーサビリティ"や"8.5.1.5 フローダイアグラム及び工程の記述""8.5.2 ハザード分析"などの要求事項と関連して，製品を製造，加工，貯蔵，配送する過程の一部のプロセス又はサービスの提供者である．また，"8.2.4"で前提条件プログラム（PRP）として考慮する事項の中には，外部からサービスの提供を受ける場合も多くある．これら PRP に関わるサービス提供者も本箇条に該当すると考えるのが妥当である．

　d) 文書化した情報として保持する必要があるものは次のとおりである．

① a)で示された基準及び評価結果など，基準を適用した証拠
② 評価や再評価した結果を受けてとった処置
③ 外部提供者に伝達した要求事項

❖具体的な考え方《7.1.6》

原料としてタマネギを使う組織の下処理を例に考えると，次のように区別できる．

外部から提供されるプロセスとは，製造や加工の一部の工程を，仕様を決めて外部（つまり，組織のFSMSの適用範囲外の組織）に委託する場合であり，この例では，特定サイズのカットや特定の包装を指定して，下処理の会社に委託する場合などがある．

"外部から提供される製品"とは，購買する物であり，例えば，下処理をする会社が販売しているカットしたタマネギを購入する場合である．

外部から提供されるサービスとは，この例でいえば，組織の構内で行うタマネギのカット作業を外部の請負業者に委託する場合などがある．

この説明でわかるように，外部委託したものがプロセスであるかサービスであるかの区別はあまり明確ではない．しかし，いずれの場合であっても，a)からd)の要求事項の対象となる．

7.2 力量

> **7.2 力量**
> 組織は，次の事項を行わなければならない．
> **a)** 組織の食品安全パフォーマンス及びFSMSの有効性に影響を与える業務を，その管理下で行う外部提供者を含めた，人（又は人々）に必要な力量を決定する．
> **b)** 適切な教育，訓練，及び／又は経験に基づいて，食品安全チーム及びハザード管理プランの運用に責任をもつ者を含め，それらの人々が力量を備えていることを確実にする．
> **c)** 食品安全チームが，FSMSを構築し，かつ，実施する上で，多くの分野にわたる知識及び経験を併せ持つことを確実にする（FSMSの適用範囲内での組織の製品，

工程，装置及び食品安全ハザードを含むが，これらだけに限らない）．
- d) 該当する場合には，必ず，必要な力量を身に付けるための処置をとり，とった処置の有効性を評価する．
- e) 力量の証拠として，適切な文書化した情報を保持する．

注記　適用される処置には，例えば，現在雇用している人々に対する，教育訓練の提供，指導の実施，配置転換の実施などがあり，また，力量を備えた人々の雇用，そうした人々との契約締結などもあり得る．

❖規格解説

この"7.2 力量"は"7.1.2 人々"を受けた詳細な要求事項となっている．

a)"7.1.2"にある"効果的なFSMSを運用及び維持するために必要な人々"がここでは"食品安全パフォーマンス及びFSMSの有効性に影響を与える業務を行う（中略）人々"となっているが，意味するところは同じである．これら業務を組織の管理下で行う人々が対象であるが，ここには，組織の構内で作業を行う請負作業者も含まれる．これらの人々に必要な力量を決定する必要がある．

b) これらの人々が，適切な教育や訓練を受ける及び／又は十分な経験に基づいて，a)で決めた力量があることを要求している．特に食品安全チームのメンバー及びハザード管理プランの運用に責任をもつ者について，力量があることが重要である．

c) 食品安全チームが，チームとして食品安全に関わる多方面の知識及び経験をもった者で構成されていることを要求している．これは，組織の製品，プロセス，製造や加工に使う装置，製品に関係する食品安全ハザードなどについての知識及び経験である．組織内でこれらの知識及び経験に不足がある場合は7.1.2に従い，外部の専門家の協力を得ることになる．また"5.3.2"のc)にあるように，食品安全チームリーダーは，食品安全チームに力量があることに対し，責任をもつことになる．

d) 該当する場合，つまり必要な力量が満たされない場合，必要な力量を獲得する処置をとることを要求している．また，とった処置に対してはその有効性を評価する必要がある．注記にあるように，このときの処置とは，その人に

7　支　援

対する教育訓練の提供，指導の実施，他の人を当てるため組織内での配置転換又は力量ある人の採用，外部専門家としての契約などがある．処置をとった後，必要な力量が満たされたかどうかを判断することが，処置の効果を評価することになる．

e) 力量があることの証拠として適切な文書化した情報の保持，つまり記録が必要である．

7.3　認識

> **7.3　認識**
> 組織は，組織の管理下で働く全ての関連する人々が，次の事項に関して認識をもつことを確実にしなければならない．
> a) 食品安全方針
> b) 彼らの職務に関連する FSMS の目標
> c) 食品安全パフォーマンスの向上によって得られる便益を含む，FSMS の有効性に対する自らの貢献
> d) FSMS 要求事項に適合しないことの意味

❖**規格解説**

この"7.3 認識"では，対象となるのが"組織の管理下で働く全ての関連する人々"となっている．これらの人々がよく知っていなければならない事柄として，a)からd)がある．

a) 食品安全方針．これは"5.2 方針"でトップマネジメントが確立したものである．

b) FSMS の目標．これは"6.2 食品安全マネジメントシステムの目標及びそれを達成するための計画策定"で，組織の機能及び階層において確立されたものであり，自ら属する機能及び階層にふさわしい目標についての認識である．

c) 自らの貢献．これは FSMS が有効に機能するためにどのように貢献できるかという理解であり，自身の活動が食品安全に果たす役割とその重要性の理

解でもある．"5.3.3"にある"FSMSに関する問題をあらかじめ決められた人に報告する責任"及び"7.4.3 内部コミュニケーション"の要求事項と関連して，貢献しているという認識をもつことを重要視している．

　d) 本規格の要求事項に適合しないときにどのような結果をもたらすかということについての認識．ここでは，個々の要求事項について，不適合がもたらす結果を理解するのではなく，自らの業務に関連する食品安全についての取決めや仕組みについて，それが守られなかった場合の結果についての認識である．自らが守らなかった場合だけでなく，守られていない状況を見過ごすことについても，その結果の認識が問われている．

❖具体的な考え方《7.3》

　"関連する人々"とは，FSMSに関連する人々であり，"7.1.2 人々"で対象とした人々よりやや広い範囲を指しているように読めるが，実質的に大きな差はない．表題となっている"認識（awareness）"は"自覚している・よく知っている"と言い換えることができる．"力量"（3.4）は定義にあるように，知識及び技能をもち，それを適用して意図した結果を達成する能力であるが，関連する人々に対して知識と技能とは別に，よく知っていなければならないことを要求事項としている．これは，いくら力量があっても十分な認識がなければ，FSMSの成果を達成できないことを意味している．

7.4　コミュニケーション

> 7.4　コミュニケーション
> 7.4.1　一般
> 　組織は，次の事項の決定を含む，FSMSに関連する内部及び外部のコミュニケーションを決定しなければならない．
> a) コミュニケーションの内容
> b) コミュニケーションの実施時期
> c) コミュニケーションの対象者
> d) コミュニケーションの方法

> e) コミュニケーションを行う人
>   組織は,食品安全に影響を与える活動を行う全ての人が,効果的なコミュニケーションの要求事項を理解することを確実にしなければならない.

❖規格解説

表題は"コミュニケーション"とカタカナ表記になっているが,文中の"communication"は"伝達(する)"と訳されている.日本語からは一方的な伝達をイメージするが,英語では情報を交換するという意味もあり,双方向の伝達を前提にした要求事項である."内部コミュニケーション"とは,組織内部での相互のコミュニケーションを意味する."外部コミュニケーション"とは,組織の外部とのコミュニケーションであり,このときの"外部"とは,外部の利害関係者全般を想定している.コミュニケーションを確実に行うために,最低限,a)からe)の事項を決定することを要求している.

 a) 何についてコミュニケーションするかというコミュニケーションの内容
 b) いつコミュニケーションするかというコミュニケーションの実施時期
 c) だれとコミュニケーションするかというコミュニケーションの相手.内部コミュニケーションであれば,組織内部の人,外部コミュニケーションであれば,該当する外部の人となる.
 d) どのようにコミュニケーションするかというコミュニケーションの方法.これは,面談,文書,会議,電話といった旧来の方法に加え,電子メールやテレビ会議,ネットやサーバ上の掲示板,SNS,ウェブサイトなど,ITを使った様々な可能性がある.
 e) だれがコミュニケーションするかという組織側のコミュニケーションの当事者.外部コミュニケーションの場合は,"7.4.2 外部コミュニケーション"において,指名された者が明確な責任及び権限をもってコミュニケーションを行うとしている.

食品安全に影響を与える活動を行う全ての人が,効果的なコミュニケーションのための要求事項を理解していることを要求している.つまり,食品安全に関わる全ての人は"7.4.1 一般"の要求事項に加えて,業務として外部コミュ

ニケーションを行う人は 7.4.2 の要求事項を，内部コミュニケーションを行う人は"7.4.3 内部コミュニケーション"の要求事項を理解している必要がある．

> **7.4.2　外部コミュニケーション**
> 　組織は，十分な情報が外部に伝達され，かつ，フードチェーンの利害関係者が利用できることを確実にしなければならない．
> 　組織は，次のものとの有効なコミュニケーションを確立し，実施し，かつ，維持しなければならない．
> a)　外部提供者及び契約者
> b)　次の事項に関する顧客及び／又は消費者
> 　1)　フードチェーン内での又は消費者による製品の取扱い，陳列，保管，調理，流通及び使用を可能にする，食品安全に関する製品情報
> 　2)　フードチェーン内の他の組織による，及び／又は消費者による管理が必要な，特定された食品安全ハザード
> 　3)　修正を含む，契約した取決め，引合い及び発注
> 　4)　苦情を含む，顧客及び／又は消費者のフィードバック
> c)　法令・規制当局
> d)　FSMS の有効性又は更新に影響する，又はそれによって影響されるその他の組織
> 　指定された者は，食品安全に関するあらゆる情報を外部に伝達するための，明確な責任及び権限をもたなければならない．該当する場合，外部とのコミュニケーションを通じて得られる情報は，マネジメントレビュー（9.3 参照）及び FSMS の更新（4.4 及び 10.3 参照）へのインプットとして含めなければならない．
> 　外部コミュニケーションの証拠は，文書化した情報として保持しなければならない．

❖規格解説

　外部コミュニケーションとして組織から発信する情報及び組織が受け取る情報が，食品安全について十分な内容であることを要求している．発信した情報はフードチェーン内の利害関係者が利用できる必要がある．

　外部コミュニケーションの対象者は a) から d) の 4 種類であり，これらの者とのコミュニケーションを"7.4.1 一般"に基づいて確立する必要がある．

　a) 外部提供者は，"7.1.6 外部から提供されるプロセス，製品又はサービスの管理"でいうプロセス，製品及び／又はサービスの外部提供者のことであ

り，原材料・機器・サービス・情報等の購買先，プロセスをアウトソースした相手，構内で作業の一部を担う別会社などである．契約者は"7.1.2 人々"でいう外部の専門家などが該当する．

　b) 顧客は，ISO 9000:2015 の"3.2.4 顧客"では"(前略) 製品を，受け取る又はその可能性のある個人又は組織."と定義している．本規格では，顧客及び／又は消費者とすることにより，フードチェーン内の，組織より下流の組織及び最終の消費者を対象者としている．加えて，コミュニケーションの内容について 1) から 4) を指定している．

　1) 食品安全に関係する製品情報．これは，製品の取扱い，陳列，保存，調理，配送及び使用において食品安全を可能にするものである．

　2) 特定された食品安全ハザード．これは，組織では管理していない，又はできないため，フードチェーン内の，組織より下流の組織及び／又は最終の消費者が管理しなければならない食品安全ハザードである．具体的な例として，含有するアレルゲンの表示がある．つまり 1) や 2) の情報は，食品表示法やその他の取決めに従って製品に表示されることによってコミュニケーションする場合が含まれる．

　3) 取決め事項，引合い，発注といった内容は，1) の製品情報とは別の情報であり，食品安全に関わる内容を含むことがある．

　4) 苦情やクレームについても，フードチェーン内の，組織より下流の組織及び最終の消費者とのコミュニケーションとして重要である．

　c) の法令・規制当局は，日本国内では所轄保健所や厚生労働省・農林水産省の関係部署などが該当する．

　d) の他の組織は，消費者団体・業界団体等の利害関係者が該当する．

　食品安全の情報を外部とコミュニケーションすることの責任・権限を明確に定めた上で，指名した要員によって実施することを要求している．

　外部コミュニケーションから得られる情報は，マネジメントレビュー (9.3) 及び FSMS の更新 (4.4, 10.3) に含める必要がある．ここでは"該当する場合"と限定しているので，食品安全チームがその選択に当たるとよい．

外部コミュニケーションの内容については，証拠として必要な範囲で，文書化した情報として保持する必要がある．その内容には，7.4.1のa)からe)が含まれることによって確かな証拠となる．

❖具体的な考え方《7.4.2》

外部コミュニケーションでは，フードチェーン内の別組織との間で食品安全に関して情報交換することを要求している．これは，フードチェーン内にある個々の組織のFSMSを情報交換によってつなぎ，全体として最終的な消費者に食品安全を確保するという意図の表れである．

外部コミュニケーションには次の四つの主要な目的がある．

① 顧客又は消費者に対しては，食品安全上の正確で適切な情報及び意図する用途を伝えることによる信頼感の醸成
② フードチェーンにおける共通の基盤に立った，必要かつ十分な食品安全ハザードの管理．そして，顧客又は消費者からのフィードバックをもとにした食品安全上の問題点の特定
③ 外部提供者に対しては，効果的な食品安全ハザードの特定，評価及び管理を可能にするための情報の共有
④ 法令・規制当局に対しては，食品安全ハザードの許容水準と組織がそれを遵守する能力に関しての情報交換

7.4.3 内部コミュニケーション

組織は，食品安全に影響する問題を伝達するための効果的なシステムを確立し，実施し，かつ，維持しなければならない．

組織は，FSMSの有効性を維持するために，次における変更があればそれをタイムリーに食品安全チームに知らせることを確実にしなければならない．

a) 製品又は新製品
b) 原料，材料及びサービス
c) 生産システム及び装置
d) 生産施設，装置の配置，周囲環境

7 支　援

e) 清掃・洗浄及び殺菌・消毒プログラム
f) 包装，保管及び流通システム
g) 力量及び／又は責任・権限の割当て
h) 適用される法令・規制要求事項
i) 食品安全ハザード及び管理手段に関連する知識
j) 組織が順守する，顧客，業界及びその他の要求事項
k) 外部の利害関係者からの関連する引合い及びコミュニケーション
l) 最終製品に関連した食品安全ハザードを示す苦情及び警告
m) 食品安全に影響するその他の条件

　食品安全チームは，FSMS（**4.4** 及び **10.3** 参照）を更新する場合に，この情報が含められることを確実にしなければならない．

　トップマネジメントは，関連情報をマネジメントレビューへのインプット（**9.3** 参照）として含めることを確実にしなければならない．

❖規格解説

　組織の FSMS を実際に運用していくのは，システム中で仕事に従事する経営者を含めた全ての人々である．この人々の間で，食品安全に影響する問題についての情報交換が円滑に行われるように，コミュニケーションの仕組みを確立し，実施し，維持することを要求している．

　食品安全チームに伝える必要がある a) から m) までの事項は，いずれもその変更が，FSMS の有効性を妨げる要因を含んでいる．そのため，食品安全チームにはタイムリーに知らせる必要がある．実際にどのような影響があるかについては，食品安全チームが判断することになる．

　a) は，原材料の配合量，包装形態，包装上の表示などの変更が該当する．新製品があった場合も含まれる．

　b) は，産地や供給者の変更，グレード（等級）の変更などが該当する．提供を受けているサービス内容の変更も含まれる．

　c) は，生産に必要な各種の工程条件の変更などが該当する．生産設備の更新や改造も含まれる．

　d) は，設備の改築，改装．装置の配置変更，及び工場周辺を含む設備周辺の環境の変更などが該当する．

e) は，設備や装置の清掃・洗浄及び殺菌・消毒プログラムの変更が該当する．特に使用薬剤の変更に注意する．

f) は，製品の梱包形態，積付け形態の変更，保管場所，保管方法の変更，及び配送手段や配送業者の変更などが該当する．

g) は，"7.2 力量"の a) で決定した力量の変更，及び"5.3.1"で責任及び権限を割り当てられた人の変更が該当する．

h) は，適用される法令・規制要求事項の変更が該当する．変更情報は外部コミュニケーションによって入手される．

i) は，食品安全ハザード及び管理手段に関して，組織がもつ知識の変更が該当する．これは新しい知識として，外部コミュニケーションによって入手される．

j) は，組織が順守している，顧客，業界及びその他の要求事項の変更が該当する．変更に伴い，新たに順守すべき要求事項があるか否かについて，判断が必要な場合がある．

k) は，外部の利害関係者から示される，食品安全に関連する引合いやコミュニケーションの変更が該当する．このような引合いやコミュニケーションが新たに発生した場合を含む．

l) は，組織の"最終製品"(3.15) に関連して，食品安全ハザードの存在を示唆する苦情及び警告があった場合が該当する．これは，組織が従来のハザード評価で全く取り上げていなかった食品安全ハザードの場合もある．既成概念に捉われることなく，食品安全ハザードの存在の示唆を見極めなければならない．

m) は，食品安全に影響するその他の条件の変更が該当する．これには，a) から l) の事項以外でも，FSMS の有効性に影響を与える可能性のある変更が含まれる．

これらの情報を知らされた食品安全チームは"8.6 PRPs 及びハザード管理プランを規定する情報の更新"の要求事項に従って，適切な情報の更新及び最新化を行うか，又はその内容によっては，"4.4 食品安全マネジメントシステム"及び"10.3 食品安全マネジメントシステムの更新"の要求事項に従っ

て，FSMS の更新を行うことになる．つまり，内部コミュニケーションによって得たこれら変更の情報はインプットであり，それをもとにして食品安全チームは更新の要否を判断した結果をアウトプットする必要がある．また，これらの変更情報によってマネジメントシステムが変更される場合，"6.3 変更の計画"にある a) から d) の事項を考慮する必要がある．

変更事項を含む内部コミュニケーションによって得られた情報については，関連情報をマネジメントレビューにインプットすることになり，これは"9.3.2 マネジメントレビューへのインプット"の f) の要求事項である．インプットする情報は"関連情報"となっているので全ての情報ではない．食品安全チームがその選択に当たるとよい．

❖ **具体的な考え方**《7.4.3》

ここでは，食品安全のために特別にコミュニケーションの仕組みを作ることを求めているわけではない．既存の会議や報告・連絡・相談の仕組みの中に食品安全に影響する情報が必ず含まれるようにすること，そしてこれらの情報を食品安全チームとして把握し，評価する仕組みを構築することが重要である．また，このようなコミュニケーションの仕組みが有効に機能するためには，"5.3.3"にある FSMS に関する問題を報告する責任や，"7.3 認識"にある FSMS の有効性に対する自らの貢献を認識することなども重要である．

7.5 文書化した情報

7.5 文書化した情報
7.5.1 一般
　組織の FSMS は，次の事項を含まなければならない．
a) この規格が要求する文書化した情報
b) FSMS の有効性のために必要であると組織が決定した，文書化した情報
c) 法令，規制当局及び顧客が要求する，文書化した情報及び食品安全要求事項
　　注記　FSMS のための文書化した情報の程度は，次のような理由によって，それぞれの組織で異なる場合がある．

―組織の規模,並びに活動,プロセス,製品及びサービスの種類
―プロセス及びその相互作用の複雑さ
―人々の力量

❖規格解説

組織のFSMSを構成する文書化した情報として,a)からc)の三つが必要である.

a) 本規格が要求している文書化した情報の事項.これらを表2.3,表2.4,

表2.3 ISO 22000で"維持する(maintain)"が要求されている文書化した情報

箇条	"維持する"文書化した情報の内容
4.3	FSMSの適用範囲
5.2.2 a)	食品安全方針
8.4.1	緊急事態及びインシデントを管理する文書
8.5.1.2	原料,材料及び製品に接触する材料の特性
8.5.1.3	最終製品の特性
8.5.1.4	意図した用途
8.5.1.5.1	フローダイアグラム
8.5.1.5.3	工程及び工程の環境の記述
8.5.2.2.3	許容水準の決定,許容水準を正当化する根拠
8.5.2.3	使用した評価方法を含むハザード評価の結果
8.5.2.4.2	意思決定のプロセス及び管理手段の選択並びにカテゴリー分けの結果
	管理手段の選択及び厳格さに影響を与える可能性がある外部からの要求事項
8.5.3	妥当性確認の方法及び意図した管理を達成できる管理手段の能力を示す証拠
8.5.4.1	ハザード管理プラン(CCPプラン/OPRPプラン)
8.5.4.2	許容限界及び処置基準の決定の根拠
8.7	それまでに測定した結果の妥当性の評価及びその結果としての処置
	ソフトウェアの妥当性確認活動に関する情報
8.9.2.1	修正についての方法や取決め
8.9.3	是正処置の規定
8.9.5	回収/リコール製品の取扱い及び一連の処置

表 2.5 に示す.

b) FSMS の一部として組織が決定したもの.

c) 法令・規制要求事項が記載された文書,顧客要求事項が記載された文書.

表 2.4 ISO 22000 で"保持する (retain)"が要求されている文書化した情報

箇条	"保持する"文書化した情報の内容
6.2.1	FSMS の目標に関する情報
7.1.2	外部専門家の合意の記録又は契約
7.1.5	組織が使用した,外部で開発された FSMS の要素
7.1.6	評価並びに再評価の結果としての必要な処置
7.2	力量の証拠
7.4.2	外部コミュニケーションの証拠
8.3	トレーサビリティシステムの証拠
8.5.1.5.2	フローダイアグラムの現場確認
8.5.4.5	ハザード管理プランの実施の証拠
8.7	校正及び検証の結果
	校正又は検証に用いた基準(標準が存在しない場合)
8.8.1	検証結果
8.9.2.3	処置基準が守られなかった場合の評価の結果
8.9.2.4	不適合製品及び工程について行われた修正の記述
8.9.3	全ての是正処置に関する情報
8.9.4.1	当該管理及び利害関係者からの反応並びに製品を取扱う権限
8.9.4.2	製品リリースのための評価の結果
8.9.4.3	承認権限をもつ者を含む不適合製品の処置に関する情報
8.9.5	回収／リコールの原因,範囲及び結果
	適切な手法の使用を通じての有効性の検証
9.1.1	モニタリング,測定,分析及び評価の結果の証拠
9.1.2	分析結果及びとられた活動
9.2.2	監査プログラムの実施及び監査結果の証拠
9.3.3	マネジメントレビューの結果の証拠
10.1.2	不適合の性質,とった処置,是正処置の結果
10.3	システム更新の活動

表 2.5　ISO 22000 で"維持する／保持する"以外の文書化した情報

箇条	文書化した情報の要求事項（"維持する／保持する"以外）
8.1	プロセスが計画どおりに実施されたことを示すための確信をもつために必要な程度の文書化した情報を保存する．
8.2.4	文書化した情報によって，PRP(s)を規定する．
8.4.2	緊急事態及びインシデントを管理する文書化した情報をレビューし，更新する．
8.5.2.2.1	全ての食品安全ハザードを特定し，かつ文書化する．
8.5.4.3	以下で構成された文書化した情報によって，モニタリングシステムを規定する．

　これは"8.2.3""8.3""8.4.2 a) 1)""8.5.1.1 a)""8.5.1.2""8.5.1.3""8.5.1.5.3 d)""8.5.2.2.1 e)""8.5.2.2.3 a)""8.5.2.4.2"において，"法令・規制食品安全要求事項""顧客要求事項"などを特定するという要求事項に対応している．つまり，これら特定されたものは FSMS を構成する文書化された情報の一部となる．

　注記にあるように，FSMS に必要な文書化した情報は一律に決められるものではなく，組織によって異なるものである．組織にふさわしいものを組織自らが考えて作成することが望まれる．

❖**具体的な考え方**《7.5.1》

　表題の"文書化した情報"はマネジメントシステムの HLS に基づき採用された用語で，その定義は"3.13"に示されている（51 ページ参照）．これは従来の"文書"及び"記録"を一つにした概念である．しかし，本文中に"文書化した情報として'維持する（maintain）'"と記されたもの，つまり，改版して内容を常に正確なものに維持するのがいわゆる"文書"であり，"文書化した情報として'保持する（retain）'"と記されたもの，つまり，証拠として一定の内容を一定期間保持するのがいわゆる"記録"である．ただし"8.1 運用の計画及び管理"の c) には"文書化した情報の'保存（keeping）'"とあるが，これは"文書"及び"記録"の両方を意味している．

7 支　援

ここでは"食品安全マニュアル"のようなタイトルを付けた文書は要求していない．しかし，規格の要求事項を満たすFSMSの構築と運用を確実にするために，システム全体を規定した何らかの文書が作成されていることが意味をもつ組織もある．これは，全ての文書を横並びで管理するのではなく，中心的な文書があり，それをもとに全体の文書を管理するという考え方である．ただし，小規模の組織の場合には，全ての文書を一つのファイルにまとめて，目次によって文書全体を管理することも考えられる．

7.5.2　作成及び更新

文書化した情報を作成及び更新する際，組織は，次の事項を確実にしなければならない．

a) 適切な識別及び記述（例えば，タイトル，日付，作成者，参照番号）
b) 適切な形式（例えば，言語，ソフトウェアの版，図表）及び媒体（例えば，紙，電子媒体）
c) 適切性及び妥当性に関する，適切なレビュー及び承認

❖規格解説

文書化した情報を作成及び変更する場合にa)からc)を実施することを要求している．当然であるが，記録に相当する文書化した情報について変更はできない．

a) 文書や記録のタイトル，作成や変更の日付，作成の責任者，文書番号や記録様式の識別番号など，それぞれの文書化した情報にふさわしい識別を行い，記述する．

b) それぞれの文書化した情報にふさわしい形式（言語，図表，写真，画像，ソフトウェアのバージョンなど）を用いる．いくつかの形式の組合せでもよい．またふさわしい媒体（紙や電子媒体）を用いる．

c) 文書化した情報の内容が適切であり，妥当であることを適切にレビューする．ただし，全ての文書化した情報にレビューを必要とするわけではない．レビューの目的は，内容の間違いや不整合を除去することである．FSMSを

運用していく過程で起こる様々な変化に対して、文書化した情報の対応が不十分なために間違いや不整合が発生する可能性がある．それを防止するために内容を適切にレビューし、更新することによって文書化した情報を維持することができる．また、文書化した情報の作成及び更新に当たっては、内容が正しく妥当であることを適切に確認し、承認する必要がある．ただし、全ての文書化した情報に承認を必要とするわけではない．承認の目的は、内容の正しさや妥当性が情報の作成者だけで決定できないと判断されるとき、作成者以外に承認者を設定することである．また、承認をする人は内容の責任者ということになる．

❖ **具体的な考え方** 《7.5.2》

文書化した情報の作成及び更新については、ITを用いた方法が広がっており、本箇条も b) 適切な形式及び媒体とすることで、IT化を意識した要求事項が組み込まれている．

7.5.3 文書化した情報の管理
7.5.3.1 FSMS及びこの規格で要求されている文書化した情報は、次の事項を確実にするために、管理しなければならない．
a) 文書化した情報が、必要なときに、必要なところで、入手可能かつ利用に適した状態である．
b) 文書化した情報が十分に保護されている（例えば、機密性の喪失、不適切な使用及び完全性の喪失からの保護）．

❖ **規格解説**

作成された文書化した情報の管理について、次に示す a), b) の状態であることを要求している．

a) 文書化した情報は、それが利用されるときに、利用される場所で、適切に利用できる状態である．手順書であれば、手順書を必要とする人が見たいときに、最新版が参照できる状態にしておくことである．作業方法を完全に覚え

ていない人がいる場合や，複雑な作業で手順書なしでは間違う可能性がある場合などが該当する．記録であれば，内容を検証する場合や，データ分析のために参照する場合などが該当する．当然であるが，利用されないものは作成する必要はない．

b) 文書化した情報が，内容が十分に保護された状態である．情報の保護に関しては，
  ① 関係のない人がその情報を閲覧できない（機密性）．
  ② 不適切な使用ができない．
  ③ 常に正しい内容の情報である（完全性）．
と三つの例を示している．

❖具体的な考え方《7.5.3.1》

情報セキュリティの分野では，三大要件として"機密性・可用性・完全性"を挙げている．"機密性"とは，正当な権利をもった人だけが利用できることであり，情報漏洩の防止やアクセス権の設定などの対策を行う．"可用性"とは，必要なときに利用できることであり，電源対策やバックアップによる二重化などの対策を行う．"完全性"とは，内容が常に正しい状態になっていることであり，改ざん防止や差異の検出などの対策を行う．これらは電子媒体に収納された情報だけでなく紙に残された情報についても同様である．ただし，どの程度まで対策を行うか，については組織の状況によって異なる．

7.5.3.2 文書化した情報の管理に当たって，組織は，該当する場合には，必ず，次の行動に取り組まなければならない．
a) 配付，アクセス，検索及び利用
b) 読みやすさが保たれることを含む，保管及び保存
c) 変更の管理（例えば，版の管理）
d) 保持及び廃棄

FSMSの計画及び運用のために組織が必要と決定した外部からの文書化した情報は，必要に応じて識別し，管理しなければならない．

適合の証拠として保持する文書化した情報は，意図しない改変から保護しなければならない．

　　注記　アクセスとは，文書化した情報の閲覧だけの許可に関する決定，又は文書化した情報の閲覧及び変更の許可及び権限に関する決定を意味し得る．

❖規格解説

　次に，作成された文書化した情報の管理について，該当する場合には，必ず次に示す a) から d) の活動に取り組むことを要求している．

　a) 文書化した情報を配付する．アクセス（注記を参照）できるようにする．検索できるようにする．利用できるようにする．配付を管理するとは，原本が変更されたときにも適切な版が配付先で利用できるようにすることであり，紙で配付した場合，配付先における旧版の廃棄手順を伴う．電子媒体を利用する場合は，サーバへの登録により配付，アクセス，検索，利用が一括して管理できる場合がある．

　b) 保管する．読みやすさが保たれるように保存する．電子媒体の場合は，時間とともにデータが消失する可能性や読取り用ソフトウェアを失う可能性を考慮して，情報の保存を考える必要がある．

　c) 変更を管理する．変更された情報に対して，変更の識別や最新版管理が必要となる．どれが最新版であるかが明確に識別できる仕組みがないと，組織としてその情報を利用するときに，認識に差異が生じる可能性がある．当然であるが，活動の証拠となる情報（記録）については，内容を変更することはできない．

　d) 保持及び廃棄する．内容が変更された旧版をどのように保持し，廃棄するかについては，保持することの目的を考慮して組織が決める必要がある．活動の証拠となる情報（記録）の保持及び廃棄については，製品がフードチェーンに残る期間（最終的に消費されるまでの期間），法令・規制要求事項，FSMS の検証活動などを考慮して決める必要がある．

　外部からの文書化した情報は，"7.5.1 一般"の c) で組織の FSMS に含めるとしたものである．ここで特定された法令・規制要求事項は文書として管理す

る必要がある．そのとき，該当する省庁や公的機関のウェブサイトの URL を組織の文書化した情報として維持してもよい．ただし，変更情報をタイムリーに得るために，定期的な内容のチェックが不可欠である．それ以外に，文書で示された顧客要求事項，外部で開発された FSMS の要素，本規格の参考文献など，組織が必要と決定したものが該当し，これらは識別及び管理が必要である．

　証拠として保持する文書化した情報（記録）は，意図しない改変から保護することを要求している．これは"7.5.3.1"の b)にも記載がある．

　注記ではアクセスについて"閲覧のみできること又は閲覧及び変更ができること"と説明している．つまり，"アクセスを管理する．"とは，アクセスする人にこれらの許可及び権限を与え，運用することを意味している．

8 運用

"8 運用"は旧規格の箇条 7 に比べ，大幅に書き換えられた．

"8.1 運用の計画及び管理"に続き，

"8.2 前提条件プログラム（PRPs）"，

"8.3 トレーサビリティシステム"，

"8.4 緊急事態への準備及び対応"を整備した上で，

"8.5 ハザードの管理"において，

■ HACCP 手順 1～手順 5

① 原料，材料及び製品に接触する材質の特性
② 最終製品の特性，さらに，
③ 意図した用途を明らかにし，
④ フローダイアグラム及び工程の記述を行い，
⑤ フローダイアグラムを現場確認し，それらの情報を踏まえて，

■ HACCP 手順 6

⑥ ハザード分析を行い，PRP を実施しても発生し，CCP 又は OPRP で管理する必要がある重要なハザードを絞り込み，
⑦ それら重要なハザードの管理手段を決定し，それら管理手段を CCP か OPRP に分け，
⑧ 管理手段の妥当性確認を行い，

■ HACCP 手順 7～手順 12

⑨ ハザード管理プラン（HACCP プラン及び OPRP プラン）を確立し，実施し，維持し，
⑩ CCP には許容限界を，OPRP には処置基準を規定し，
⑪ CCP における及び各 OPRP のモニタリングシステムを確立し，
⑫ 許容限界又は処置基準が守られなかった場合の措置を規定し，
⑬ ハザード管理プラン（HACCP プラン＋OPRP プラン）を実施し，
⑭ PRP 及びハザード管理プランを規定する情報を更新し，

⑮　モニタリング及び測定の管理を行い，

⑯　PRP及びハザード管理プランに関する検証活動を確立し，実施し，

⑰　製品及び工程の不適合を管理し，

まで含む箇条となっている．

この中で，"8.4 緊急事態への準備及び対応"は旧規格には明記されていなかった箇条である．

8.1 運用の計画及び管理

> **8　運用**
> **8.1　運用の計画及び管理**
> 　組織は，次に示す事項の実施によって，安全な製品の実現に対する要求事項を満たすため，及び **6.1** で決定した取組みを実施するために必要なプロセスを計画し，実施し，管理し，維持し，かつ，更新しなければならない．
> a)　プロセスに関する基準の設定
> b)　その基準に従った，プロセスの管理の実施
> c)　プロセスが計画どおりに実施されたことを示すための確信をもつために必要な程度の，文書化した情報の保存
> 　組織は，計画した変更を管理し，意図しない変更によって生じた結果をレビューし，必要に応じて，あらゆる有害な影響を軽減する処置をとらなければならない．
> 　組織は外部委託したプロセスが管理されていることを確実にしなければならない（**7.1.6** 参照）．

❖規格解説

"8.1 運用の計画及び管理"は"8 運用"全体の要求事項を包括して規定している．この部分はマネジメントシステムの上位構造（High Level Structure：HLS）に基づいており，旧規格にはない部分である．

❖具体的な考え方《8.1》

例えば，プロセスは要求事項を満たし，計画され，実施され，及び管理され，かつ"6.1 リスク及び機会への取組み"で特定されたアクションも求められる．それを行うため，プロセスに関する基準の設定，それらのプロセスの管

理(control)の実施及び必要となる文書化された情報の保存が求められる．

本規格では安全な製品の実現のため要求事項を満たす必要があるプロセスは，基準を満たすように管理し，文書が必要となった．また計画の変更及び外部委託したプロセス（"7.1.6 外部から提供されるプロセス，製品又はサービスの管理"）に関する要求もこの箇条に導入された．

8.2 前提条件プログラム（PRPs）

> **8.2 前提条件プログラム（PRPs）**
> **8.2.1** 組織は，製品，製品加工工程及び作業環境での汚染物質（食品安全ハザードを含む）の予防及び／又は低減を容易にするために，PRP(s)を確立，実施，維持及び更新しなければならない．

❖規格解説

本規格では，PRP［前提条件プログラム，以下"PRP"という．英語ではPRP（単数）とPRPs（複数）を使い分けている．本書での表記を"PRP"に統一した］を確立し，実施し，維持及び更新することを求めている．

ハザード分析を行う前に，製品，製品加工工程及び作業環境での汚染（食品安全ハザードを含む）の防止及び／又は低減を容易にするために，PRPを確立し，確実に実施すべきである．

通常，一般的に呼ばれているPRPは"一般衛生管理プログラム"であり，製造業であれば適正衛生規範（GHP：Good Hygiene Practice）や適正製造規範（GMP：Good Manufacturing Practice），一次生産であれば適正農業規範（GAP：Good Agricultural Practice）や適正養殖規範（GAP：Good Aquaculture Practice），適正獣医規範（GVP：Good Veterinary Practice）などが該当し得る．したがって，食品製造・加工施設であれば，PRPはGHP又はGMPとなる．また，衛生標準作業手順（SSOP：Sanitation Standard Operating Procedures）はPRPのうち，主に洗浄消毒等の衛生管理の手順並びに実施状況の確認の手順及びその記録に特化した部分である．

8 運　用

PRPは"PP"と略していた場合もあるが"prerequisite"の4番目のアルファベット"r"を略称に含むか含まないかの違いがあるだけで，同じものである．

製品中の汚染物質，製品加工工程での汚染物質及び作業環境での汚染物質（ここでいう"汚染物質"には，食品安全ハザードを含むが，それ以外のカビ，酵母，腐敗微生物による汚染物質も含む）の防止，さらには低減を容易にするための手順を確立，実施，維持及び更新する必要がある．

8.2.2 PRP(s)は，次のとおりでなければならない．
a) 食品安全に関して組織及びその状況に適している．
b) 作業の規模及び種類並びに，製造される及び／又は取り扱われる製品の性質に適している．
c) 全般に適用されるプログラムとして，又は特定の製品若しくは工程に適用されるプログラムとして，生産システム全体で実施される．
d) 食品安全チームによって承認されている．

❖**規格解説**

"8.2.2"は，PRPに対する要求事項を記載している．

食品安全に関して組織及びその状況に適していることとは，組織の実情に照らして食品安全を達成するために必要と判断される事柄を意味する．例えば，微生物をコントロールすることが重要な製品を製造している場合では，微生物の汚染を防ぐPRPが必要になってくる．業種・業態，製品の構成，工場の設備・レイアウト，要員の構成，工場の立地条件といった様々な要因に影響される．ある組織にとって必須のPRPが，他の組織にとっては必要のないものである場合もある．a)とb)では，食品安全に影響する組織固有の様々な条件を勘案してPRPを決定することを求めている．当然，作業の規模及びタイプ（大企業か小企業か，従業員数），製造又は取り扱っている製品の性質（調理済み食品か原材料か）によってPRPは変わってくる．

c)では，PRPは特定の製品や一部のラインや，一部の区画を対象に計画さ

れるものもある.しかし,その管理する対象はインフラストラクチャと作業環境であるため,周辺の製品・ライン・区画と関連があり,システム全体における連携が必要になってくる.ここでは,その関連を考慮してPRPの計画を行うことを求めている.PRPは工場全体で適用可能なプログラム,特定の工程(例えば,加熱後の食肉製品のスライスを行う工程.この工程で働く従事者の作業服や入室手順は他の作業室より衛生的に厳しいなど)にのみ実施されるプログラムがあり得る.いずれにしても,生産システムで実施するPRPは全て対象とする必要がある.

d)では,PRPが食品安全チームによって承認されることを求めている.

8.2.3 PRP(s)を選択及び／又は確立する場合,組織は,適用される法令,規制及び相互に合意された顧客要求事項が特定されることを確実にしなければならない.組織は,次のことを考慮することが望ましい.
a) **ISO/TS 22002 シリーズの該当する部**
b) 該当する規格,実施規範及び指針

❖規格解説

ここでは外部にある既存の情報(例えば,ISO/TS 22002シリーズの該当する技術仕様書,食品衛生法,食品衛生法に基づく規格基準などの法令,規制要求事項,顧客要求事項)を考慮して利用することを要求している.さらに,認識されている指針,コーデックス委員会(Codex)の食品衛生の一般原則及び種々の実施規範等,国際規格又はセクター規格の中で適切なものを考慮することを推奨している.

我が国では,"食品等事業者が実施すべき管理運営基準に関する指針(ガイドライン)"(平成16年2月27日,食安発第0227012号別添)は,コーデックス委員会の"食品衛生の一般原則の規範"(CAC/RCP 1-1969 Rev.4-2003)の内容を考慮したものとなっている.その他,業界団体の指針・顧客の要求なども,PRPの選択・確立の際に考慮することが推奨されている.

PRPは既存のプログラムから選択してもよいし,組織がゼロから作成し,

確立してもよい．当然ながら，都道府県知事が規定した管理運営基準，食品衛生法に基づく規格基準等は考慮する必要がある．また，コーデックス委員会の実施規範，弁当そうざいの衛生規範等も該当する場合には考慮することが望ましい．

> 8.2.4 PRP(s)を確立する場合，組織は，次の事項を考慮しなければならない．
> a) 建造物，建物の配置，及び付随したユーティリティ
> b) ゾーニング，作業区域及び従業員施設を含む構内の配置
> c) 空気，水，エネルギー及びその他のユーティリティの供給
> d) ペストコントロール，廃棄物及び汚水処理並びに支援サービス
> e) 装置の適切性並びに清掃・洗浄及び保守のためのアクセス可能性
> f) 供給者の承認及び保証プロセス（例えば，原料，材料，化学薬品及び包装）
> g) 搬入される材料の受入れ，製品の保管，発送，輸送及び取扱い
> h) 交差汚染の予防手段
> i) 清掃・洗浄及び消毒
> j) 人々の衛生
> k) 製品情報／消費者の認識
> l) 必要に応じて，その他のもの
> 　文書化した情報は，PRP(s)の選択，確立，適用できるモニタリング及び検証について規定しなければならない．

❖規格解説

　組織は，a)からl)までの事項に対して，PRPとして確立する必要があるかどうかを検討する必要がある．a)からk)までは，組織の中で衛生的な環境を維持するための基本的な事柄である．

　a)からk)までの事項は，前述のコーデックス委員会が策定した"食品衛生の一般原則"の中で食品事業者が一般的な衛生管理を行うに当たって実施すべき事項として記載されている内容である．

　PRPを確立する際，考慮すべき事項として，供給者の承認及び保証プロセス，搬入される材料の受入れ，製品情報／消費者の認識（これはコーデックス委員会の食品衛生の一般原則には含まれる）が新たに加わった．また，このセクシ

ョンに特定された文書化した情報，すなわち選択，確立，適用できるモニタリング及び検証についても要求されるようになった．

　PRPの適用できるモニタリングは要求されている（"8.7 モニタリング及び測定の管理"）．また，PRPに対しては，検証することが要求されている［関連として，"8.8.1 検証"のa)で"PRPが実施され，かつ効果的である"ことの検証を要求している］．

　組織は，PRPが最新であることを確実にする必要がある（"8.6 PRPs及びハザード管理プランを規定する情報の更新"）．

　マネジメントレビューでは，PRPに関する検証活動の結果を考慮する必要がある（"9.3.2 マネジメントレビューへのインプット"）．

　食品安全チームは，確立したPRPのレビューが必要かどうかを考慮する必要がある（"10.3 食品安全マネジメントシステムの更新"）．

　結果，必要があるならば，組織はPRPの修正を行わなければならない．

　検証とモニタリングは，観察／測定が伴うという点では似ているが，PRPの検証は活動の後で適用され，適合の確認に関する情報を提供するのに対して，モニタリングはプログラムの状況を確定するために，点検，監督又は注意深い観察を行うことであり，活動の最中に適用され，規定された時間内での行動について情報を提供する［"3.27 モニタリング（監視）""3.45 検証"を参照］．

　検証及び修正については，記録が要求されている．検証の記録に関しては，"8.8 PRPs及びハザード管理プランに関する検証"でも要求がある．また，PRPの更新の記録は10.3で規定されている食品安全マネジメントシステム更新活動の記録というところで同様に要求されている．

8.3 トレーサビリティシステム

> **8.3　トレーサビリティシステム**
>
> 　トレーサビリティシステムは，供給者から納入される材料及び最終製品の最初の流通経路を一意的に特定できなければならない．トレーサビリティシステムの確立及び実施の場合，少なくとも，次の事項を考慮しなければならない．
> **a)**　最終製品に対する受入れ材料，原料及び中間製品のロットの関係
> **b)**　材料／製品の再加工
> **c)**　最終製品の流通
> 　組織は，適用される法令，規制及び顧客要求事項が特定されることを確実にしなければならない．
> 　トレーサビリティシステムの証拠としての文書化した情報は，少なくとも，最終製品のシェルフライフを含む定められた期間，保持しなければならない．組織は，トレーサビリティシステムの有効性を検証，試験しなければならない．
> 　　注記　該当する場合，システムの検証は，有効性の証拠として最終製品量と材料量
> 　　　　　との照合を含むことが期待される．

❖規格解説

　"8.3　トレーサビリティシステム"は基本的には旧規格と変わらないが，いくつか新しい要求事項が追加された．トレーサビリティシステムの確立及び実施の場合，材料／製品の再加工を検討しなければならなくなった．

　第1段落では，トレーサビリティシステムへの要求として，"a)最終製品に対する受入れ材料，原料及び中間製品のロットの関係""b)材料／製品の再加工""c)最終製品の流通"を考慮して，適用される法令，規制及び顧客要求事項が特定されることを確実するシステムを確立し，適用することが要求されている．組織に対し，最終製品のあるロットの製造して用いた原料ロットや材料がどこから納入されたのか，中間製品の再加工がある場合は，どの最終製品に用いたのか，さらに組織の最終製品をどこにどのようにして引き渡したのかを明確にするよう求めている．これは，組織のトレーサビリティシステムをフードチェーンの上流・下流のトレーサビリティシステムとつなげるための要求である．今回の改訂では，原材料又は製品の再加工のトレーサビリティが要求事項として加わっている．

8.3は，回収と事故の原因究明を容易にすることにつながる．また，過去に，組織が販売した最終製品の信頼性を確かめる意味でも有効である．我が国では，"食品等事業者の記録作成及び保存に係る指針"（平成15年8月29日付，食品安全発第0829001号の別添）に同様の要求がある．

第2段落は，トレーサビリティ記録について記載している．記録の保管期間は，食品を取り扱う組織では，賞味期限に基づいて決めている場合が多いが，必ずしもそれだけに限定されるわけではなく，検証の必要性を考慮して決めるべきである．

第3段落では，組織は，トレーサビリティシステムの有効性を検証，試験しなければならないとしている．

注記として，システムの検証には，効果の証拠として，原材料の量と最終製品の量の確認を行うことを含めることが期待されている．

8.4　緊急事態への準備及び対応

> **8.4　緊急事態への準備及び対応**
> **8.4.1　一般**
> 　トップマネジメントは，食品安全に影響を与える可能性があり，またフードチェーンにおける組織の役割に関連する潜在的緊急事態又はインシデントに対応するための手順が確立していることを確実にしなければならない．
> 　これらの状況及びインシデントを管理するために，文書化した情報を確立し，維持しなければならない．

❖規格解説

"8.4 緊急事態への準備及び対応"は旧規格では"5 経営者の責任"の下位にあったが，本規格では，"8 運用"のもとに場所が移動したのと，"accident"から"incident"に変更されたが，本質的には変わらない．"incident"は顕在しないイベントも含むのに対して，"accident"は実際に悪いことが発生するという，限定された意味合いをもつため，変更されたと考えられる．

トップマネジメントは，発生の可能性のある緊急事態及びインシデントを考

慮し，これらを管理する手順を確立しなければならない．ここでいう"緊急事態"とは，"8.4.2 緊急事態及びインシデントの処理"の注記にあるように自然災害，環境事故，バイオテロ，作業場での事故，公衆衛生での緊急事態及びその他の事故（水，電気又は冷媒供給等食品の製造加工に不可欠なサービスの中断）などが該当すると考えられる．"緊急事態及びインシデントを管理するための手順"とは，発生前の準備と発生時の対応手順，発生後のレビューと改訂についての手順などが考えられる．

これらの状況及びインシデントを管理するために，文書化した情報を確立し，維持する必要がある．

8.4.2 緊急事態及びインシデントの処理

組織は，次の事項を行わなければならない．

a) 次により，実際の緊急事態及びインシデントに対応する．
　1) 適用される法令・規制要求事項が特定されることを確実にする．
　2) 内部コミュニケーション
　3) 外部コミュニケーション（例えば，供給者，顧客，該当する機関，メディア）
b) 緊急事態又はインシデントの度合い，及び潜在的な食品安全への影響に応じて，緊急事態のもたらす影響を低減する処置をとる．
c) 実務的であれば，手順を定期的に試験する．
d) 何らかのインシデント，緊急事態の発生又は試験の後は，文書化した情報をレビューし，必要に応じて更新する．
　注記 食品安全及び／又は生産に影響を与える可能性のある緊急事態の例は，自然災害，環境事故，バイオテロ，作業場での事故，公衆衛生での緊急事態及びその他の事故，例えば，水，電力又は冷媒の供給などの不可欠なサービスの中断である．

❖**規格解説**

組織の内部のコミュニケーション及び組織の外部とのコミュニケーション（例えば，供給者，顧客，該当する機関，メディア）により，実際の緊急事態及びインシデントに対応することを要求している．

また，組織は，緊急事態又はインシデントの度合い，及び潜在的な食品安全

への影響に応じて，緊急事態の結果の重大性を低減する処置をとることを要求している．

さらに，現実に実行可能であれば，対応手順が効果的に機能するか，定期的に試験（例えば，模擬緊急事態に対するシミュレーション）することが求められている．

最後に，何らかのインシデント，緊急事態又は試験の後は，文書化した情報，手順をレビューし，問題が発見された場合には，必要に応じて緊急事態及びインシデント対応手順を更新することが求められている．

8.5　ハザードの管理

8.5　ハザードの管理
8.5.1　ハザード分析を可能にする予備段階
8.5.1.1　一般
　ハザード分析を実施するために，食品安全チームは事前情報を収集し，維持し，更新しなければならない．これには次のものを含むが，これらに限らない．
a)　適用される法令，規制及び顧客要求事項
b)　組織の製品，工程及び装置
c)　FSMSに関連する食品安全ハザード

❖**規格解説**

"8.5 ハザードの管理" は旧規格の "hazard analysis" すなわち 7.3, 7.4, 7.5, 7.6 及び 8.2 から発展拡大したものであり，ハザード分析を可能とする準備段階，ハザード分析及び管理手段及びその組合せの妥当性確認，ハザード管理プラン（HACCP/OPRP プラン）をカバーしている．

"8.5.1.1 一般" では，"ハザード分析を実施するために必要な事前情報を収集し，維持し，更新しなければならない．" 旨を要求している．その収集対象としては "a) 法令, 規制及び顧客要求事項" "b) 組織の製品, 工程及び装置" "c) FSMSに関連する食品安全ハザード" が列挙されているが，これは例示に過ぎず，ハザード分析を実施するために必要な関連情報はこれらに限らない．

"8.5 ハザードの管理" では，ハザード分析を実施するために必要な関連情

8 運　用

報ということで，次の文書化が要求されている．

① 原料，材料及び製品に接触する材料の特性（8.5.1.2）
② 最終製品の特性（8.5.1.3）
③ 意図した用途（8.5.1.4）
④ フローダイアグラム及び工程の記述（8.5.1.5）

8.5.1.2　原料，材料及び製品に接触する材料の特性

　組織は，全ての原料，材料及び製品に接触する材料に対する適用される全ての法令・規制食品安全要求事項が特定されることを確実にしなければならない．

　組織は，全ての原料，材料及び製品に接触する材料に関して，必要に応じて，次のものを含め，ハザード分析（**8.5.2** 参照）を実施するために必要となる範囲で文書化した情報を維持しなければならない．

a) 生物的，化学的及び物理的特性
b) 添加物及び加工助剤を含む，配合された材料の組成
c) 由来（例えば，動物，鉱物又は野菜）
d) 原産地（出所）
e) 生産方法
f) 包装及び配送の方法
g) 保管条件及びシェルフライフ
h) 使用又は加工前の準備及び／又は取扱い
i) 意図した用途に適した，購入した資材及び材料の食品安全に関連する合否判定基準又は仕様

❖**規格解説**

　"8.5.1.2 原料，材料及び製品に接触する材料の特性"は，コーデックス委員会のHACCP手順2（製品の仕様，特性について記述する）に該当し，原料・材料の情報として，a)からi)を考慮して，原料・材料に由来するハザードを遺漏なく列挙し，"8.5.2.2.1"で必要となる範囲内で記載することを要求している．

　従来のコーデックス委員会のHACCP手順2では，原料・材料及び製品に接触する材料については列挙することが求められていたが，本規格では，情報として挙げるべき事項を，より具体的，かつ，より詳細に示している．

a) の"生物的,化学的及び物理的特性の例"を次に示す.

　生物的特性：マイクロフローラ,用いたスターターカルチャー及びその活性

　化学的特性：自然毒(キノコ・アフラトキシン・フグ毒など),動物用医薬品・農薬の使用,タンパク質の組成,ラクトースや脂肪含量,塩分濃度,pH,水分活性又は水分含有量,包材の材質,アレルギー原因物質の有無

　物理的特性：物性(固体,液体,柔らかさ,硬さ,外観,酸化還元電位など),異物(金属片,ガラス片など)の混入状況

b) の"添加物及び加工助剤を含む,配合された材料の組成"の例としては,原料・材料として使ったもの(牛肉,パン粉,香辛料等),添加物(クエン酸,L-グルタミン酸ナトリウム,乳酸,塩化マグネシウム,塩酸,二酸化ケイ素等)などがある.

c) の"由来(例えば,動物,鉱物又は野菜)"は,動物由来,鉱物由来又は植物由来の油脂なのか等のことを意味する.

d) の"原産地(出所)"は,生産者,産地(国・地域・耕作地,貝の採捕地など),製造工場,購入先などを意味しており,そこに記載される内容は,組織が属するフードチェーンにおける位置付けや購買先との関係によって変わってくる.

e) の"生産方法"は,水耕栽培や養殖方法,動物の飼育方法(平飼い,ケージ飼いなど)を意味している.

f) の"包装及び配送方法"は,包装としては,包装形態,包装材料の材質,封入資材(窒素,脱酸素剤など)などが考えられ,配送方法は,配送時の温度条件(常温,冷蔵,冷凍など),時間,積載方法,運送会社の指定といった情報が考えられる.

g) の"保管条件"は,保管時の温度条件(常温,冷蔵,冷凍など)と時間,許容される箱の積み上げ高さなど,"シェルフライフ"としては,消費期限,賞味期限,使用期限といったものが考えられる.

8 運　用

h)の"使用又は加工前の準備及び／又は取扱い"としては，加熱の必要性，解凍方法，カッターナイフや衝撃による容器の破損などが考えられる．

i)の"意図した用途に適した，購入した資材及び材料の食品安全関連の合否判定基準又は仕様"は，購買先と交わした原料・材料を受け入れるための基準／仕様といったものが考えられる．

8.5.1.3　最終製品の特性

組織は，生産を意図している全ての最終製品に対する適用される全ての法令・規制食品安全要求事項が特定されることを確実にしなければならない．

組織は，最終製品の特性に関して，必要に応じて，次のものの情報を含め，ハザード分析（**8.5.2** 参照）を実施するために必要となる範囲で文書化した情報を維持しなければならない．
a)　製品名又は同等の識別
b)　組成
c)　食品安全に関連する生物的，化学的及び物理的特性
d)　意図したシェルフライフ及び保管条件
e)　包装
f)　食品安全に関する表示及び／又は取扱い，調理及び意図した用途に関する説明
g)　流通及び配送の方法

❖**規格解説**

"8.5.1.3 最終製品の特性"も"8.5.1.2 原料・材料及び製品に接触する材料"に続き，コーデックス委員会の HACCP 手順2（製品の仕様，特性について記述する）に該当し，法令・規制要求があればその要求を特定することと，ハザードの評価に必要な情報を記載し，維持することが要求されている．8.5.1.3 は旧規格から変更はない．

最終製品の特性としては，例えば，b)の"組成"については，保存料などの食品添加物だけではなく，アレルギー原因物質の有無についても特定し，記載する必要がある．また，c)の"食品安全に関連する生物的，化学的及び物理的特性"には，酸化還元電位・水分活性・pH，最終製品において許容される一般生菌数や添加物量などが含まれる．d)の"意図したシェルフライフ及

び保管条件"には，シェルフライフとしては消費期限，賞味期限，使用期限といったものが考えられ，保管条件には，常温，直射日光を避ける常温，冷蔵と時間，冷凍などが考えられる．e)の"包装"には，含気包装，真空包装，窒素の封入・脱酸素剤の使用などが考えられる．

f)の"食品安全に関する表示及び／又は取扱い，調理及び意図した用途に関する説明"には，加熱加工用か生食用か，加熱調理上の注意事項，加熱条件などが考えられる．

g)の"流通及び配送の方法"には，冷蔵・冷凍配送，積み重ね禁止，食品以外の貨物との混載禁止等が考えられる．

"8.5.1.2"と"8.5.1.3"で挙げられている事項は，フードチェーンの本流にあり，直接食品を扱っている組織にとっては，妥当な内容のものである．しかしながら，各種のサービス業者や間接的に関与する組織の場合には，挙げられた事項を適用できない場合も考えられる．その場合は，適宜，適用できる範囲で文書に規定しなければならない．

"原料・材料及び製品に接触する材料"はフードチェーンの上流である供給者や請負業者から流れてくる情報であり，"最終製品の特性"はフードチェーンの下流である顧客・消費者に流す情報であることがわかる．

製品の特性及び意図した用途の情報は，フードチェーンの中においては，同じ事柄を上流と下流から見たものになる．つまり，供給者にとっての最終製品の特性と意図した用途は，ユーザにとっては原料・材料及び製品に接触する材料の情報となる．

したがって，"8.5.1.2"や"8.5.1.3"で挙げられた事項を適切に準備するためには，組織のフードチェーン内の位置付けを考慮して，食品安全を確保するために必要なフードチェーンの上流から流れてくる情報と，フードチェーンの下流に流す情報を収集し，それを"原料・材料及び製品に接触する材料"と"最終製品の特性"の情報を文書化すればよい．

> **8.5.1.4 意図した用途**
>
> 　意図した用途は，合理的に予測される最終製品の取扱いを含めて，最終製品の意図しないが合理的に予測されるあらゆる誤った取扱い及び誤使用を考慮し，かつ，ハザード分析（**8.5.2** 参照）を実施するために必要となる範囲で文書化した情報として維持しなければならない．
>
> 　必要に応じて，各製品に対して，消費者／ユーザのグループを特定しなければならない．
>
> 　特定の食品安全ハザードに対して，特に無防備と判明している消費者／ユーザのグループを特定しなければならない．

❖規格解説

　"8.5.1.4 意図した用途"は，コーデックス委員会のHACCP手順3（喫食方法，使用方法について確認する）に該当する．"8.5.1.4"も旧規格から大きな変更はない．

　意図した用途の情報は，喫食段階において許容水準を逸脱しないための組織の製品における許容限界を設定し，それに必要な管理手段の組合せを選定するための助けとして必要となる．

　製品又は製品分類別に消費者／ユーザを明らかにし，特定のハザードに対する感受性の高い集団（ハイリスク・グループ）があれば，その影響を考慮しなければならない．ハイリスク・グループの例としては，特定の食品に対してアレルギーをもつ人，腎臓や肝臓に疾患をもつ人，免疫不全者，老人，乳幼児，妊婦などが考えられる．

　"合理的に予測される最終製品の取扱いを含めて，最終製品の意図しないが合理的に予測されるあらゆる誤った取扱い及び誤使用"というのは，当然予測されてしかるべき問題が発生しないように，誤使用や誤った取扱いの可能性を考慮しておくということである．例えば，冷蔵で保存することを想定して設計されているが，レトルトパウチ食品（常温保管品）と酷似したパッケージで販売された製品があった場合に，消費者が間違って室温で保管することにより，食中毒事故が発生する可能性がある．また，クッキーを焼成する前の生地をペロッと舐めないようにと表示しても，消費者が焼成前に味見のために舐めるの

で，舐めても安全なように組成を変更した事例もある．

8.5.1.5 フローダイアグラム及び工程の記述
8.5.1.5.1 フローダイアグラムの作成
　食品安全チームは，FSMS が対象とする製品又は製品カテゴリー及び工程に対する文書化した情報として，フローダイアグラムを確立，維持及び更新しなければならない．
　フローダイアグラムは工程の図解を示す．フローダイアグラムは，食品安全ハザードの発生，増大，減少又は混入の可能性を評価する基礎として，ハザード分析を行う場合に使用しなければならない．
　フローダイアグラムは，ハザード分析を実施するために必要な範囲内で，明確で，正確で，十分に詳しいものでなければならない．フローダイアグラムには，必要に応じて，次の事項を含めなければならない．
a) 作業における段階の順序及び相互関係
b) あらゆる外部委託した工程
c) 原料，材料，加工助剤，包装材料，ユーティリティ及び中間製品がフローに入る箇所
d) 再加工及び再利用が行われる箇所
e) 最終製品，中間製品，副産物及び廃棄物を搬出又は取り除く箇所

❖ **規格解説**

　"8.5.1.5 フローダイアグラム及び工程の記述"は作成，現場での確認並びに工程及び工程環境の記述の 3 部分から構成される．

　"8.5.1.5 フローダイアグラム及び工程の記述"は，コーデックス委員会の HACCP 手順 4（製造工程をフローダイアグラムとして示す）と HACCP 手順 5（フローダイアグラムを現場で確認する）に該当している．

　工程の流れと工程間の相互関係を把握するための手段として，フローダイアグラムの作成が求められている．"フローダイアグラム"（3.17）は，"プロセスにおける段階の順序及び相互関係の図式的並びに体系的提示"と定義されている．フローダイアグラムの最も重要な目的は，工程に由来する食品安全ハザードの発生，増大，減少又は混入の可能性を評価し，重要なハザードの特定を容易にすることである．フローダイアグラムは，製品又は工程の種類に対して

作成しなければならない．

　本規格におけるフローダイアグラムへの要求では，必要に応じて，a)からe)までの事項を含めるように規定されている．

　a)は，フローダイアグラムの定義における表現とほぼ同様の内容であり，通常の作業工程における仕事の流れとその結び付きを意味している．

　b)は，製造・加工工程の一部又は全部が外部に委託された場合や，敷地内の業務を委託した場合にも同様に，工程の流れとその中での相互の結び付き及び組織の工程との結び付きをフローダイアグラムとして表現することが求められている．作業を組織外に委託したとしても，その部分をブラックボックスとして扱うことは許されず，フローダイアグラムの中に正確に記載することが求められている．

　c)は，原料，材料，加工助剤，包装資材，添加物などの副原材料，ユーティリティ及び中間製品（前処理）したものが工程に入り込む（合流する）位置を明確にし，それをフローダイアグラムの中で表現することを要求している．

　d)の"再加工及び再利用"とは，製造・加工中に不適合など何らかの理由でいったん工程から取り除かれた中間品が再び工程に戻されて利用されるような場合や，一度は製品になったものが何らかの理由で販売できなくなり，工程に戻されて利用されるような場合，納入された原材料が何らかの理由でそのままでは使えない状態であることが判明した場合などが考えられる．そして，これらのものが工程に戻される場合には，そのまま又は別途の製造・加工工程を経て使用されることとなる．こういったものが工程のどの位置に入れられるのか，そして，工程に入れられる前には何らかの製造・加工工程を必要とするのかしないのかといったことを明確にした上で，それをフローダイアグラムの中で表現することを要求している．なお，工程内で仕掛品が発生し，一時的に保管された後に再び使用されるといったことが起こるのであれば，それについてもフローダイアグラムに盛り込まなければならない．

　e)では，工程内で発生したもの（最終製品，中間製品，副産物及び廃棄物）が工程から排出又は取り除かれる位置をフローダイアグラムの中で明確にする

ことを要求している．取り除かれる理由としては，製品の完成や出荷，不適合品の発生，利用できない部分が集められて廃棄されることや，仕掛品を一時的に保管庫に移動といった様々なことが考えられる．

参考として，図2.1にフローダイアグラムの一例を示す．この例は，ハザード分析の手順を説明するために作成したもので，必ずしも現実の製造現場における工程の流れが同じ方法で表現できるとは限らない．業界団体等が作成したHACCP手引書等にも，フローダイアグラムの例が種々示されているが，個々の組織における製品・工程・設備等の特異性を考慮したフローダイアグラムを作成することが，より実情に即した結果が得られ，ハザード分析に必要な情報を提供することになる．

現場の状況は変化する可能性があるものなので，一度作成されたフローダイアグラムが現場の変化についていけなくなることを防ぐために更新を行わなければならない．このようにして，フローダイアグラムを検証した結果は，後の解析に役立てるため，記録として維持することが求められている．

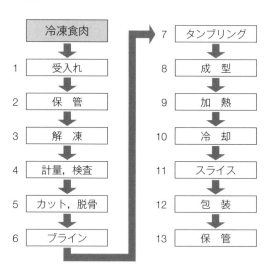

(注　このフローダイアグラムは例示目的で，本規格が要求している全ての事項を含むものではない．)

図 2.1　フローダイアグラムの例（加熱スライスハム）

8　運　用

> **8.5.1.5.2　フローダイアグラムの現場確認**
> 　食品安全チームは，現場確認によって，フローダイアグラムの正確さを確認し，必要に応じて更新し，文書化した情報として保持しなければならない．

❖規格解説

　"8.5.1.5.2 フローダイアグラムの現場確認"は，コーデックス委員会のHACCP手順5（フローダイアグラムを現場で確認する）に該当している．旧規格では7.3.5.1（フローダイアグラム）の最終段落であったが，今回の改訂では独立している．

　フローダイアグラムは，図上で作成されればそれでよいというものではなく，その中で表現されている工程の順序や相互関係が現場で行われている作業と一致していなければ意味をなさず，ハザード分析の資料として役に立たない．食品安全チームによる現場確認はそのために行われる．現場確認によってフローダイアグラムの正確さを検証した結果，必要に応じて更新したフローダイアグラムは文書化した情報として保持しなければならない．

> **8.5.1.5.3　工程及び工程の環境の記述**
> 　食品安全チームは，ハザード分析を行うために必要な範囲内で，次の事項を記述しなければならない．
> **a)** 食品及び非食品取扱い区域を含む構内の配置
> **b)** 加工装置及び食品に接触する材料，加工助剤及び材料のフロー
> **c)** 既存のPRPs，工程のパラメータ，（もしある場合は）管理手段及び／又は適用の厳しさ，若しくは食品安全に影響を与え得る手順
> **d)** 管理手段の選択及び厳しさに影響を与える可能性のある外部要求事項（例えば，法令及び規制当局又は顧客から）
> 　予想される季節的変化又はシフトパターンから生じる変動は，必要に応じて，含めなければならない．
> 　記述は必要に応じて更新し，文書化した情報として維持しなければならない．

❖ **規格解説**

"8.5.1.5.3 工程及び工程の環境の記述"は旧規格では"工程の段階及び管理手段の記述"(7.3.5.2)であったが，本規格では"工程及び工程の環境の記述"に改められた表題であり，環境もコントロールする必要があるというコンセプトを明確に示している．

食品安全チームは，ハザード分析を行うために必要な範囲内で，次の事項を記述しなければならない．

a)の"食品及び非食品取扱い区域を含む構内の配置"は，工場配置図や説明図を使って，製品以外の流れ（例えば，空気の流れや人の移動，機材の移動，供給資材の流れ）を把握するための補助的な図面を作成することがハザードの発生・増大の可能性を知る上で有用な場合もある．例えば，工場配置図面上に人の移動や原料資材の移動などを書き込んだ動線図は，交差汚染の可能性について有益な情報を与えてくれる．ハザード分析のために，どのようなフローチャートが必要かということについては，業種や製品の構成，規定要求事項の内容などによって判断されることとなる．

b)の"加工装置及び食品に接触する材料，加工助剤及び材料のフロー"は加工装置のハザードコントロールに影響を与え得る特性，性能，能力及び加工装置等の食品に接触する部分の材料（これは食品への移行の可能性を含め），加工助剤のハザード分析に影響する特性，材質，性能等の記述が含まれる．また材料のフローは施設の図面上に記載することもできる．

c)の"既存のPRP，工程のパラメータ，（もしある場合は）管理手段及び／又は適用の厳しさ，若しくは食品安全に影響を与え得る手順"は，PRPとしては，洗浄消毒の洗剤や消毒剤の種類と濃度と作用時間，加工パラメータとして温度と時間など，ハザード分析に影響し得る情報を記載する．

d)の"管理手段の選択及び厳しさに影響を与える可能性のある外部要求事項（例えば，法令及び規制当局又は顧客から）"としては，食品衛生法に基づく製造基準であるとか，顧客から低温殺菌でx日の消費期限を求められたとか，塩分濃度を抑え，かつy日の賞味期限を求められたなどが考えられる．

これらの情報として，季節的変化で数値の変化が予想される場合や，シフトパターンから変動が生じる可能性がある場合には，必要に応じて，そういった情報も含めることが求められる．これは新しい要求事項である．

これらの記載は必要に応じて更新し，文書化した情報として維持しなければならない．

8.5.2　ハザード分析
8.5.2.1　一般
　食品安全チームは，管理が必要なハザードを決定するため，事前情報に基づいてハザード分析をしなければならない．管理の程度は，食品安全を保証するものでなければならず，必要に応じて，管理手段を組み合わせたものを使用しなければならない．

❖**規格解説**

"8.5.2 ハザード分析"はコーデックス委員会のHACCP手順6（ハザード分析を行う）に該当している．事前情報，すなわち"8.5.1 ハザード分析を可能にする予備段階"で収集した情報に基づいてハザード分析をしなければならない．

本規格では，ハザード分析は次の三つの段階で行うとしている．

① 　ハザードの特定及び許容水準の決定（8.5.2.2）

② 　ハザード評価（8.5.2.3）

③ 　管理手段の選択及びカテゴリー分け（8.5.2.4）

8.5.2では，これらの評価を通じて，各ハザードに対して要求される管理の程度とその管理を行うための管理手段の組合せを決定することを要求している．

❖**具体的な考え方**《8.5.2.1》

コーデックス委員会の原則1・原則2は，CCPを決定するためのものである．本規格では，特定された食品安全ハザードをOPRPとHACCPプランの組合せで管理するためのハザード分析を要求している．本規格では，ハザード

分析の手法について指定はしていないが，表 2.6 に示すような様式を用いて，PRP ではコントロールできない重要なハザードを特定し，それらを OPRP 又は CCP でコントロールすることになる．ここでは，図 2.1（140 ページ参照）で取り上げた加熱スライスハムの "9 加熱" 及び "11 スライス" 工程のハザード分析の例を示した．これも OPRP と CCP の説明のためのものであり，実際の製造工程にそのまま適用できるものではない．

　ハザード分析にはいろいろなフォーマットが存在するが，潜在的なハザードを重要なハザードに絞り込めれば，どのようなフォーマットでも構わない．表 2.6 にハザード分析の様式（ワークシート）の一つを示す．このフォーマットでは，第 1 欄は "原材料／工程" となっている．そして，第 2 欄で食品安全ハザードを生物的，化学的，物理的に分けて，その工程で混入／増大／管理する可能性のあるハザードを列挙することを求めている（"8.5.2.2 ハザードの特定及び許容水準の決定" に対応）．第 3 欄では，それぞれのハザードに対して，"食品安全に対する重要なハザードか？" という設問に対して "イエス／ノー" で答えるようになっている．この設問は "8.5.2.3 ハザード評価" のハザード評価に対応しており，この設問に対して "ノー" と答えた場合には，該当するハザードは PRP で管理されていなければならない．第 4 欄では第 3 欄の根拠を示すことになっており，これは 8.5.2.3 で要求しているハザード評価結果の根拠を示した記録となる．第 5 欄では，"その重要なハザードに対する管理手段" を記載することになっており，これは "8.5.2.4 管理手段の選択及びカテゴリー分け" における管理手段の選択に該当する．第 6 欄では，"この工程は重要管理点（CCP）か？" という設問に答えることになっている．"9 加熱" は最終製品の安全性を確保するために不可欠の工程であり，"イエス" と評価され，その管理手段は HACCP プランで管理することになる．"11 スライス" 工程は，第 3 欄では "イエス" と評価されたものの HACCP プランで管理することは難しいため，第 6 欄で "ノー" とし，OPRP で管理すると判定する．これは 8.5.2.4 の管理手段の判定に該当する．

　ここで示した表 2.6 は判定の事例を示したものである．

8 運 用

表 2.6 ハザード分析ワークシートの例(加熱スライスハム)

(1) 原材料/ 工程	(2) この工程で混入,増大,管理するハザードを列挙する.	(3) 食品安全に対する重要なハザードか? イエス/ノー	(4) 第(3)欄の決定に対する根拠	(5) その重要なハザードに対する管理手段	(6) この工程は重要管理点(CCP)か? イエス/ノー
9 加熱	生物的 病原菌の生残	イエス	適正な温度と時間で殺菌しないとサルモネラ属菌,病原性大腸菌,リステリアなどの病原菌が生き残ることがある.	十分な加熱調理温度と時間で管理する.	イエス →HACCPプラン
	化学的 なし 物理的 なし				
11 スライス	生物的 リステリアによる再汚染	イエス	スライサーからの汚染の可能性がある.	2時間ごとにスライサーを100 ppmの次亜塩素酸ナトリウム溶液で5分以上殺菌する.	ノー → OPRP
	化学的 残留消毒剤	ノー	"PRP機械装置衛生管理手順(洗浄消毒)"によって管理されている.	洗浄後の目視点検 ELISA検査	
	卵を使用した食肉製品との交差コンタクト 物理的 なし	イエス	アレルゲンコントロール(卵を含む製品を製造後の洗浄)		ノー → OPRP

> 8.5.2.2 ハザードの特定及び許容水準の決定
> 8.5.2.2.1 組織は，製品の種類，工程及び工程の環境の種類に関連して，発生することが合理的に予測される全ての食品安全ハザードを特定し，かつ，文書化しなければならない．
> 　特定は，次の事項に基づかなければならない．
> a) 8.5.1 に従って収集した事前情報及びデータ
> b) 経験
> c) 可能な範囲で，疫学的，科学的及びその他の過去のデータを含む内部及び外部情報
> d) 最終製品，中間製品及び消費時の食品の安全に関連する食品安全ハザードに関するフードチェーンからの情報
> e) 法令，規制及び顧客要求事項
> 　注記1　経験は，他の施設における製品及び／又は工程に詳しいスタッフ及び外部専門家からの情報を含めることができる．
> 　注記2　法令・規制要求事項は食品安全目標（FSOs）を含むことができる．コーデックス食品規格委員会は FSOs を"消費時の食品中にあるハザードの最大頻度及び／又は濃度で，適正な保護水準（ALOP）を提供又はこれに寄与する．"と定義している．
> 　ハザード評価及び適切な管理手段の選択を可能にするために，ハザードを十分，詳細に考慮することが望ましい．

❖規格解説

　ここではまず，発生することが合理的に予測される全てのハザードを特定することを要求している．つまり，生産物（例えば，家禽，乳，魚），工程（例えば，搾乳，と殺，発酵，乾燥，貯蔵，輸送），処理施設（例えば，閉鎖／開放回路，乾燥／湿潤処理環境）の形態によって理論的に起こる可能性のあるハザードをリストアップしなければならないということである．

　特定されたハザードは，文書化しなければならない．

　ハザードの特定は，"8.5.2.2.1"の次のa)からe)の事項に基づかなければならない．

　a)の"8.5.1 に従って収集した事前情報及びデータ"とは，次のものである．
① 原料・材料及び製品に接触する材料に関する情報（8.5.1.2）
② 最終製品の特性に関する情報（8.5.1.3）

③ 意図した用途（8.5.1.4）
④ フローダイアグラム（8.5.1.5）
⑤ 工程及び工程の環境の記述（8.5.1.5.3）

b)の"経験"とは，食品安全チームのメンバー若しくはFSMSの要員がもつ食品安全に関する経験的な知識である．経験には，他の施設における製品及び／又は工程に詳しいスタッフ及び外部専門家からの情報を含めることができる．

c)の"疫学的な情報"とは，食中毒調査の結果から判明した病因物質と食品と汚染因子（原料・材料・工程・設備・製品など）に関する情報や食品中の食中毒菌汚染実態調査の結果など，起こりやすいことが予測されるハザードの種類といった情報や，内閣府に設置される食品安全委員会のリスクプロファイルなどである．また，組織内部で蓄積した原材料や最終製品の自主検査の結果も科学的な情報に含まれる．

d)の"フードチェーン"からの情報としては，上流からは原料・材料の管理状況に関する情報，下流からはクレーム情報や製品の使用目的といった情報などが考えられる．また，監督官庁や業界団体などから得られる食品安全に関する情報もハザードを明確化するために考慮する必要がある．

e)の"法令，規則及び顧客要求事項"で，ハザードの特定に関連する部分，例えば，規格基準が設定された背景となった食品中のハザードに関する情報やそれによる食中毒情報は考慮する必要がある．

ハザード評価及び適切な管理手段の選択を可能にするために，ハザードを十分に，詳細に考慮することが望ましいとされている．

8.5.2.2.2 組織は，各食品安全ハザードが存在し，混入され，増加又は存続する可能性のある段階（例えば，原料の受入れ，加工，流通及び配送）を特定しなければならない．
　ハザードを特定する場合，組織は次の事項を考慮しなければならない．
a) フードチェーンにおいて先行及び後続する段階
b) フローダイアグラム中の全ての段階
c) 工程に使用する装置，ユーティリティ／サービス，工程の環境及び要員

❖**規格解説**

"8.5.2.2.1"の a) から e) までがハザードを特定するために利用することが要求されている情報源であり，"8.5.2.2.2"では，そのハザードが存在し，混入し，増加又は存続する可能性のある段階を特定することが要求されている．

ハザードを明確にするためには，8.5.2.2.2 の a) から c) の事項を考慮することを要求しているが，これらの多くは 8.5.2.2.1 の a) から e) で与えられた情報から読み取られるべきものである．

a) は，組織がヒスタミン産生魚の加工施設である場合，漁船やその後の輸送段階におけるヒスタミンコントロールの情報は必須である．さらに，仮に一度加熱してヒスタミン産生菌を死滅させたとしても，その後，二次汚染を受けた場合，出荷後の流通や配送の工程でのヒスタミン産生をコントロールする手段を考えなければならない．

また，b) の"フローダイアグラム中の全ての段階"をなぜ考慮する必要があるかというと，ハザードが発生する工程（例えば，冷凍魚を切断する鋸の刃の破片混入）とそのハザードに対する管理手段（包装後に，全ての製品を作動確認した金属探知機を通過させる）が適用される工程が違う場合があるので，工程の流れをよく考えなければならないということで挙げられている．

c) の"工程に使用する装置，ユーティリティ／サービス，工程の環境及び要員"は，使用する装置によっては，ある組織ではそこでハザードが発生するかもしれないが，別の組織の類似装置であっても，ハザードが発生しない装置がある．あるいは同じ工程でも，要員の経験が豊富で二次汚染のハザードを起こさない組織がある一方，同じ作業を行っても経験不足で二次汚染の確率が高い組織もあり得るので，ここに掲げた事項はよく考慮する必要がある．なお，"工程の環境（process enviroment）"は旧規格の"surroundings"から置き換わった用語，また"要員"は本規格で追加された事項である．

8 運 用

> **8.5.2.2.3** 組織は,特定された食品安全ハザードのそれぞれについて,最終製品における許容水準を,可能なときはいつでも決定しなければならない.
> 　許容水準を決定する場合,組織は次の事項を行わなければならない.
> a) 適用される法令,規制及び顧客要求事項が特定されることを確実にする.
> b) 最終製品の意図した用途を考慮する.
> c) その他の関連情報を考慮する.
> 　組織は,許容水準の決定及び許容水準を正当化する根拠に関して文書化した情報を維持しなければならない.

❖**規格解説**

　最終製品におけるハザードの許容水準は,フードチェーンの次の段階で食品安全を確保するために達成しなければならないその製品固有のハザードの水準を意味する.決定するハザードの許容水準は,"8.5.2.2.3"のa)からc)の事項を考慮したものでなければならない.

　組織は,許容水準の決定及び許容水準を正当化する根拠に関して文書化した情報を維持しなければならない.

❖**具体的な考え方**《8.5.2.2.3》

　例えば,図2.2はカレーの調理工程におけるウェルシュ菌によるハザードを考えた場合である.材料の肉・野菜・香辛料は原料の段階からの汚染により,ウェルシュ菌が存在する.このハザード(ウェルシュ菌)は,冷却工程の不適切な温度／時間の管理により加熱工程で生残した芽胞が発芽し,増殖する.また,再加熱の温度／時間が不十分だと生残する.文献によれば,ウェルシュ菌の発症菌量は $10^{7\sim 8}$ CFU／人以上であると報告されているので,当該最終製品を100g喫食する場合,許容水準は $10^{5\sim 6}$ CFU／最終製品(g)と考えられ,それを達成するため,冷却工程及び再加熱の温度／時間を管理することが管理手段となる(許容水準に関するデータは,文献や情報によって差異があり,また,取得したデータもその後の研究の進展によって変更が必要になってくる場合もある).

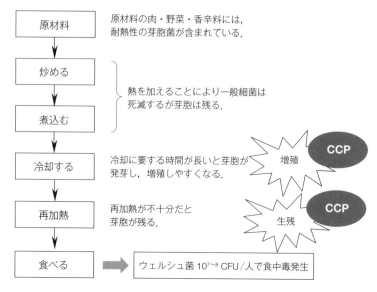

図 2.2　カレー調理におけるハザードと管理手段の明確化

　ハザードを明確にするためには，適切な文献を参照することが望ましい．特に原材料に存在するハザードについては，病原微生物の種類（例えば，牛肉中の腸管出血性大腸菌，卵のサルモネラ，二枚貝のノロウイルス），物理的な異物（例えば，どの工程・機械器具由来の鉄片，ガラス片，骨片），化学的成分（例えば，鉛，水銀又は殺虫剤のような化学物質）などである．工程においては，微生物の汚染，増殖，生残はまったく異なる事象なので，分けて考えるべきである．

8.5.2.3　ハザード評価

　組織は，特定されたそれぞれの食品安全ハザードについて，その予防又は許容水準までの低減が必須であるかを決定するために，ハザード評価を実施しなければならない．

　組織は，次の事項に関して，それぞれの食品安全ハザードを評価しなければならない．

a)　管理手段の適用の前に最終製品中で発生する起こりやすさ
b)　意図した用途（**8.5.1.4** 参照）との関連で起こる健康への悪影響の重大さ

組織は，あらゆる重要な食品安全ハザードを特定しなければならない．

使用した評価方法を記述し，また食品安全ハザード評価の結果を文書化した情報として維持しなければならない．

❖規格解説

ハザード分析の第2段階である"8.5.2.3 ハザード評価"では，先の"8.5.2.2 ハザードの特定及び許容水準の決定"において，特定された潜在的なハザードに対して，その予防又は許容水準までの低減が必須であるかどうかを決定するために評価する．

評価のポイントは，a) 管理手段の適用の前に最終製品中で発生する起こりやすさと，b) 意図した用途（8.5.1.4 参照）との関連で起こる健康への悪影響の重大さを評価して，本規格で新たに導入された重要な食品安全ハザード（significant food safety hazard）を特定することである．

PRPの運用や通常の加工手順を実施することにより，その食品安全ハザードに対して決定した許容水準以下を達成できるのであれば，次の8.5.2.4で要求される管理手段の選択は必要ではない．

ハザードに対して，健康への悪影響の重篤性及びその起こりやすさについて，その程度をどのように評価し，その組合せをもとに管理の必要／不必要を判断するための方法論の決定は，組織に任されている．

使用した評価方法を記載し，また食品安全ハザード評価の結果（すなわち，重要な食品安全ハザードの選定結果とその理由）を文書化した情報として維持しなければならない．

ハザード評価の手法の例としては"COMMISSION NOTICE on the implementation of food safety management systems covering prerequisite programs (PRPs) and procedures based on the HACCP principles, including the facilitation/flexibility of the implementation in certain food businesses (2016/C 278/01)"に詳細に紹介・報告されているので，参照されたい．

❖ **具体的な考え方**《8.5.2.3》

健康への悪影響の重大性では，致死的なのか，後遺症が残る場合があるのか，一過性の患者に限定された下痢程度，発生した場合の広がりの可能性などを考慮した上で，その程度を判断する．ハザードが許容水準を超えて危害が発生する可能性をプロセスや設備，環境，製品の種別，過去のデータ，最近の事例などをもとに判断する．

表 2.6 で示した様式を使ってハザード分析を行うことが，ハザード評価の方法論の一つとなり得る．

8.5.2.4　管理手段の選択及びカテゴリー分け

8.5.2.4.1　ハザード評価に基づいて，組織は，特定された重要な食品安全ハザードを予防又は低減して，規定の許容水準にすることができる，適切な管理手段又は管理手段の組合せを選択しなければならない．

組織は，選択され特定された管理手段を，OPRP(s)（**3.30** 参照）又は CCPs（**3.11** 参照）として管理するようにカテゴリー分けしなければならない．

カテゴリー分けは，系統的なアプローチを用いて実施しなければならない．選択したそれぞれの管理手段については，次の評価がなければならない．

a)　機能逸脱の起こる可能性
b)　機能逸脱の場合の結果の重大さ．この評価には，次を含む．
　1)　特定された重要な食品安全ハザードへの影響
　2)　他の管理手段との関係における位置付け
　3)　管理手段が特に，ハザードの許容水準までの低減のために考案され，適用されるのか否か
　4)　単一の手段か又は管理手段の組合せの一部であるかどうか

❖ **規格解説**

"8.5.2.4　管理手段の選択及びカテゴリー分け"がコーデックス委員会の HACCP 原則 2（CCP を決定する）に該当する．表題は旧規格では"管理手段の選択及び評価"であったが，本規格で"カテゴリー分け"と変更された．"8.5.2.4.1"が本規格の特徴の一つであり，組織が"8.5.2.3 ハザード評価"で特定した重要な食品安全ハザードに対し，適切な管理手段又は管理手段の組

8 運 用

合せを選択しなければならず，かつ，その管理手段は OPRP か CCP のいずれかにカテゴリー分けされるということである．すなわち，重要なハザードは CCP 又は OPRP で管理しなければならない．

また，CCP か OPRP であるかのカテゴリー分けは系統的に行わなければならない．

"管理手段"（3.8）の定義は"重要な食品安全ハザード（3.22）を予防又は許容水準（3.1）まで低減させるために不可欠な処置，若しくは活動."である．その記載に当たっては，"8.5.2 ハザード分析"を十分信頼に足るものにするために，必要な情報を与える程度に詳細であることが要求される．

管理手段の記載内容には，関連あるプロセスのパラメータ（例えば，温度，時間，塩分，糖度，水分，pH，圧力，比重，残留塩素濃度）やパラメータの許容範囲，要求される精度，実施される手順／方式などが含まれる．

OPRP は製造環境からの汚染をコントロールする点では PRP に近いが，PRP よりもハザード分析の結果，特定されたハザードを許容範囲にコントロールする傾向が強い．また，OPRP の中には CCP に近いが，数値化された許容限界を設定できない，あるいは連続的なモニタリングができないため，OPRP と分類される管理手段もある．例えば，加熱食肉製品であるハムを加熱冷却後スライスする工程で，スライサーの刃が *Listeria monocytogenes* に汚染されている場合，スライスしたハムに同菌が移行することになり，このスライサーの刃の管理は OPRP となる．管理手段は，例えば 4 時間ごとに，スライサーの刃を洗浄後，100（ppm）の次亜塩素酸ナトリウム溶液に浸漬し，殺菌することとなる．

さらに，選択したそれぞれの管理手段については，次の評価がなければならない．

a) 機能逸脱の起こる可能性
b) 機能逸脱の場合の結果の重大さ．この評価には次を含む．
 1) 特定された重要な食品安全ハザードへの影響
 2) 他の管理手段との関係における位置付け

3) 管理手段が特に，ハザードの許容水準までの低減のために考案され，適用されるのか否か
　　4) 単一の手段か又は管理手段の組合せの一部であるかどうか．

b) 1) では，管理手段が機能しなかったときの影響の大きさについて記載している．病原菌を含む可能性がある原材料を扱う場合，加熱工程の機能が不十分であれば病原菌が生残するため，加熱時間や温度がHACCPプランとして管理される必要がある．

b) 2) は，あるハザードに対する一連の管理手段のフローダイアグラム内の位置について記載している．例えば，工程中に金属探知工程が2箇所あり，前の金属探知工程は後ろの金属探知工程に対して補助的な役割を果たしており，後ろの金属探知工程が金属異物の混入というハザードを低減するために主要な役割を果たしているということがある．そういった場合，後ろの工程はCCPと判定される．

b) 3) は，ハザードを低減又は除去するために設定された管理手段について記載している．これはコーデックス委員会のHACCP指針の"decision tree"で，問1，問2ともに"Yes"に場合に該当する．牛乳の処理工程における殺菌工程，あるいは金属異物を発見し，除去するための金属探知工程などがハザードを低減又は除去するために特別に導入された工程と考えられ，通常はCCPとして管理される．

b) 4) は，単一の手段か又は管理手段の組合せの一部であるかどうかという質問であり，管理手段は単独で機能する場合（例えば，工程の最後に唯一設置された金属探知機）と，殺菌効果を高めるためにpHと水分活性や加熱を組み合わせるといった管理が行われることがある．後者の場合には，pH，水分活性，加熱温度と時間などをパラメータとして，CCPとして管理することが考えられる．

ハザードを管理するための管理手段の組合せは，"8.5.1.5.3 工程及び工程の環境の記述"において，食品安全に影響する可能性のある管理手段として規定されたものの中から選択されることとなる．

8　運　用

❖**具体的な考え方**《8.5.2.4.1》

"管理手段の組合せ"とは，一つのハザードについて，それを制御（予防・除去又は低減）するために必要な管理手段（CCP 又は OPRP）のことであり，必要な管理手段は一つで十分な場合もあれば，複数組み合わされることもある．

> 8.5.2.4.2　更に，それぞれの管理手段に対して，系統的なアプローチは次の可能性の評価を含まなければならない．
> a)　測定可能な許容限界及び／又は測定可能／観察可能な処置基準の確立
> b)　許容限界及び／又は測定可能／観察可能な処置基準内からのあらゆる逸脱を検出するためのモニタリング
> c)　このような逸脱の場合の，タイムリーな修正の適用
> 　意思決定プロセス及び管理手段の選択並びにカテゴリー分けの結果は，文書化した情報として維持しなければならない．
> 　管理手段の選択及び厳格さに影響を与える可能性がある外部からの要求事項（例えば，法令，規制及び顧客要求事項）も文書化した情報として維持しなければならない．

❖**規格解説**

それぞれの管理手段に対して，次の可能性の評価を含めるとしており，それは，

a)　測定可能な許容限界及び／又は測定可能／観察可能な処置基準を設定できるか，

b)　許容限界及び／又は処置基準からのあらゆる逸脱を検出するためのモニタリング方法を設定できるか，さらに，

c)　許容限界及び／又は処置基準からのあらゆる逸脱の場合の，タイムリーな修正を適用できるか，

ということで，これは管理手段に対し，コーデックス委員会の HACCP 原則 3，原則 4 及び原則 5 を適用できるか，系統的アプローチで評価することを求めている．

また，重要なハザードに対する管理手段を決定するまでの意思決定プロセス及び管理手段の選択の議論の過程やその根拠並びに管理手段を CCP とした

か，OPRP にカテゴリー分けしたか，その判断根拠や上記の評価の結果を文書化した情報として維持することを求めている．

ハザード分析の最終段階である"8.5.2.4 管理手段の選択及びカテゴリー分け"では，先の"8.5.2.3 ハザード評価"において，許容水準を逸脱しないように維持するために管理が必要であると評価された重要なハザードに対して，予防・除去又は許容水準への低減ができるような管理手段の組合せを選択する必要がある．

各管理手段について，管理するハザードに対する有効性を確認する．有効であれば管理が必要なものとして OPRP か CCP に分類されることとなる．

管理手段が機能しなくなるおそれがある場合や，製造・加工工程において，ハザードに重大な影響を与える変動がしばしば起こるような場合は，そのハザードの管理を十分に行うために，CCP において管理することを求めているが，やむを得ず OPRP で管理しなければならない場合もある．

管理手段の選択及び厳格さに影響を与える可能性がある外部からの要求事項（例えば，顧客要求事項）も文書化した情報として維持しなければならない．

a）において，"許容限界"（3.12）の定義は，"許容可能と不可能とを分ける測定可能な値．"であり，その許容の対象は製品そのものである．"総合衛生管理製造過程"における"管理基準"は，この許容限界のことを指しているが，いわゆる品質管理上の管理基準とは異なる．"処置基準（action criterion）"（3.2）の定義は"OPRP（3.30）のモニタリング（3.27）に対する測定可能な又は観察可能な基準．"であり，OPRP が管理されているかどうかを判断するために，また，許容できるもの（基準が満たされている，あるいは達成されていることは，OPRP が意図されたとおりに機能していることを意味している）と，許容できないもの（基準を満たしておらず，手段が実施されておらず，OPRP が意図されたとおりに機能していない）とを区別するために処置基準を確立する．

b）の"許容限界及び／又は測定可能／観察可能な処置基準内からのあらゆる逸脱を検出するためのモニタリング"では，許容限界又は処置基準を必要な

精度で，また速やかに結果が得られる方法で限りなく全数モニタリングできる方法があるかを記載している．そのようなモニタリングが技術的に不可能であれば，その管理手段を CCP として管理することは難しい．一般的に，設備や環境からの製品への汚染は PRP 又は OPRP で管理することが妥当であると判断されることが多い．例えば，加熱食肉製品の加熱後の包装前のスライス工程に用いるスライサーの刃の汚染防止は，OPRP で管理されることが一般的である．

c）は，許容限界又は処置基準からの逸脱の場合，タイムリーな修正が実施可能かの検討である．"修正"（3.9）の定義は"検出された不適合（3.28）を除去するための処置．"となっており，安全でない可能性がある製品の処理を含む．修正は，例えば，再加工，更なる加工，及び／又は（他の目的に使用するために処分すること，又は特定のラベルを表示することなど）不適合の好ましくない結果を除去することが挙げられる．

OPRP と HACCP プランに分類された管理手段も，それらは固定的なものではなく，何らかの事前情報の更新（原料，設備，要員など）やクレーム，新たな知見（事故事例，新しいモニタリング技術など）に従って，CCP から OPRP へ，又は OPRP から CCP へと変更されることがある．しかしこの場合は，必ず"8.5.3 管理手段及び管理手段の組合せの妥当性確認"の要求事項に従って，妥当性確認を行わなければならない．

OPRP と CCP の分類を行うための方法論とその判断のために用いたパラメータ，カテゴリー分けの結果は，文書化した情報として維持しなければならない．一般的には，そういった文書として表2.6"ハザード分析ワークシート"のようなものでもよい（145 ページ参照）．判定した結果は，記録として残さなければならない．

管理手段の選択及び厳格さに影響を与える可能性がある外部からの要求事項（例えば，顧客要求事項）も文書化した情報として維持しなければならない．

> **8.5.3　管理手段及び管理手段の組合せの妥当性確認**
>
> 　食品安全チームは，選択した管理手段が重要な食品安全ハザードの意図した管理を達成できることの妥当性確認を行わなければならない．この妥当性確認は，ハザード管理プラン（**8.5.4 参照**）に組み入れる管理手段及び管理手段の組合せの実施に先立って，また管理手段のあらゆる変更の後に行われなければならない（**7.4.2，7.4.3，10.2 及び 10.3 参照**）．
>
> 　妥当性確認の結果，管理手段が意図した管理を達成できないことが明らかとなった場合，食品安全チームは，管理手段及び／又は管理手段の組合せを修正し，再評価しなければならない．
>
> 　食品安全チームは，妥当性確認方法及び意図した管理を達成できる管理手段の能力を示す証拠を，文書化した情報として維持しなければならない．
>
> 　　**注記**　修正には，管理手段の変更（すなわち，工程のパラメータ，厳密さ及び／又は管理手段の組合せ）及び／又は原料の生産技術，最終製品特性，流通方法及び最終製品の意図した用途の変更を含むことができる．

❖規格解説

　"8.5.3 管理手段及び管理手段の組合せの妥当性確認" がコーデックス委員会の HACCP 原則 6（検証方法を設定する）の一部（妥当性確認）に該当し，旧規格では "8.2 管理手段の組合せの妥当性確認" であったものが本規格では 8.5.3 に移動したものである．CCP や OPRP のモニタリングを始める前に妥当性確認をしなければ意味がないので，作業の順番を考え，この位置に "妥当性確認" が入っている．

　OPRP 及び CCP と分類された管理手段及びその組合せは，最初にそれを実施する前及び変更があった場合には，管理手順が重要な食品安全ハザードの意図した管理を達成することができるかについて，妥当性確認を行わなければならない．

　妥当性確認の結果，管理手段が意図した管理を達成できないことが明らかとなった場合，食品安全チームは，管理手段及び／又は管理手段の組合せを修正し，再評価しなければならない．修正には，管理手段の変更（すなわち，プロセスパラメータ，厳密さ及び／又は管理手段の組合せ）及び／又は原料の生産技術，最終製品特性，配送方法及び最終製品の意図した用途の変更を含むこと

ができる．

　食品安全チームは，妥当性確認の方法及び意図した管理を達成できる管理手段の能力を示す証拠を文書化した情報として維持することが求められる．

❖ 具体的な考え方《8.5.3》

　妥当性確認の方法としては，次の各項目が挙げられるが，これに限定されるわけではない．

① 他の製品で行われた妥当性確認又は過去の事実に基づく知識の参照

　他の製品で適用された妥当性確認に頼る場合には，参照する妥当性確認で特定されている条件が意図する用途に一致しているかどうかを確認するよう注意することが必要である．

② 模擬的プロセス条件への実験的試行

　パイロットプラント，あるいは研究所ベースの実験的試行をスケールアップするときは，試行内容が実際の処理パラメータや条件を適切に反映していることを確認することが要求される．

③ 通常の活動条件における生物的，化学的及び物理的ハザードのデータの収集

　統計的サンプリング計画と妥当な試験方法を使用して，中間及び／又は完成した製品の採取と試験を行うことによって収集できる．

④ 統計学的に設計された調査

　管理手段のモニタリング結果を統計学的に処理し，その分析結果によって妥当性を判断するようなやり方が考えられる．例えば，過去の製品検査の実績を判断して妥当であると判断されるような場合である．

⑤ 予測微生物学の利用

　例えば，予測微生物学によるモデルを使用して，微生物の増殖等をシミュレーションする．

⑥ 規制当局・業界団体の定めた基準／指針の利用

8.5.4 ハザード管理プラン（HACCP/OPRP プラン）
8.5.4.1 一般
組織は，ハザード管理プランを確立，実施及び維持しなければならない．ハザード管理プランは，文書化した情報として維持され，かつ，各 CCP 又は OPRP の管理手段ごとに，次の情報を含まなければならない．
a) CCP において又は OPRP によって管理される食品安全ハザード
b) CCP における許容限界又は OPRP に対する処置基準
c) モニタリング手順
d) 許容限界又は処置基準を満たさない場合に行うべき修正
e) 責任及び権限
f) モニタリングの記録

❖規格解説

"8.5.4 ハザード管理プラン（HACCP/OPRP プラン）"には，コーデックス委員会の HACCP 原則 3（管理基準を設定する）と HACCP 原則 4（モニタリング方法を設定する），HACCP 原則 5（改善措置の方法を設定する），HACCP 原則 7（記録の文書化）に該当する部分が含まれている．

本規格には，旧規格にあった"HACCP プラン"という言葉はない．その代わり，"ハザード管理プラン"が用いられている．これは管理手段が CCP と OPRP の 2 カテゴリーがあるため，ハザード管理プランには，CCP と OPRP の許容限界と処置基準や，それらのモニタリング方法，修正，その記録方法が含まれることになる．

"8.5.4.1 一般"は，8.5.4.2 から 8.5.4.5 の要求事項のまとめを行っており，8.5.4.1 の a) から f) の事項で特に違ったものがあるわけではない．ここではハザード管理プランを全体として文書化する要求を行っていることと，ハザード管理プランは ORPR 及び CCP ごとに作成することを求めている．

d) で要求している修正の文書化は，予想できる範囲内で発生する可能性のある事態に対する対応を決めておいて，それ以上のことについては責任及び権限を決めた手順を用意しておいて対応できるようにしておくことである．具体的な要求事項は"8.9.2 修正"と"8.9.3 是正処置"にある．

8 運　用

　CCP 又は OPRP の管理手段ごとに，次の情報を含むハザード管理プランを確立，文書化し，実施及び維持することが必要である．a) から d) に示された内容は，いわゆる HACCP 整理表（例えば，後述する表 2.9）にある内容である．

a)　CCP において又は OPRP によって管理される食品安全ハザード
b)　CCP における許容限界又は OPRP に対する処置基準
c)　モニタリング手順
d)　許容限界又は処置基準を満たさない場合に行うべき修正
e)　責任及び権限
f)　モニタリングの記録

　表 2.7 は PRP と OPRP との比較したものである．OPRP は重要なハザードに対する管理手段であり，ハザード分析の結果，決定される．PRP は通

表 2.7　PRP と OPRP との比較

項　目	PRP	OPRP
ハザード分析による特定	されない	される（8.5.2.4）
食品安全ハザードの記述	要求なし	文書化要求あり（8.5.4.1）
管理手段の特定	PRP の確立は文書化要求あり（8.2.1，8.2.4）	文書化要求あり（8.5.2.4）処置基準［8.5.4.1 b），8.5.4.2］
モニタリング手順	文書化要求あり（8.2.4）	文書化要求あり［8.5.4.1 c）］・記録の要求あり［8.5.4.1 f）］
逸脱時の修正・是正	10.1	文書化要求あり［8.5.4.1 d）］
責任・権限	文書化要求なし	OPRP ごとに文書化必要（8.5.4.1）
検証	文書化要求あり（8.2.4，8.8.1）・記録が必要（8.8.1）	要求あり［8.8.1 b）］・記録が必要（8.8.1）
管理手段の組合せの妥当性確認	該当せず	要求あり（8.5.3）
手順（文書）の更新	要求あり（8.2.1，8.6）	要求あり（8.6）

常,ハザード分析を実施する前に実施され,特定のハザードをコントロールするのではなく,いわゆる汚染物質を可能な限り低減する性質のものであり,HACCPやOPRPを実施する前に,すべての食品事業者によって行われるべきものである.

表 2.8 には,OPRP と CCP となった管理手段の間で要求される管理の比較を行ったものである.

CCP の管理手段は,モニタリングにおける許容限界を明確に示す必要があり,また即応性が求められるという点で特に大きな差がある.

表 2.8 OPRP と CCP プランで要求される管理の比較

項　目	OPRP	CCP
ハザードの記述	文書化が必要［8.5.4.1 a)］	文書化が必要［8.5.4.1 a)］
管理手段の特定	文書化が必要（8.5.2.4） ・OPRP を明確に（8.5.2.4.1）	文書化が必要（8.5.2.4） ・CCP を明確に（8.5.2.4.1）
許容限界の設定[*4]	処置基準文書化が必要［8.5.4.1 b), 8.5.4.2］ ・測定可能又は観察可能（8.5.4.2） ・設定根拠文書化要求（8.5.4.2）	文書化が必要［8.5.4.1 b), 8.5.4.2］ ・測定可能なもの（8.5.4.2） ・設定根拠文書化要求（8.5.4.2）
モニタリング手順[*5]	文書化が必要［8.5.4.1 c), 8.5.4.3］ ・モニタリングの責任者［8.5.4.3 f)］ ・使用するモニタリング方法又は装置［8.5.4.3 b)］ ・モニタリング頻度［8.5.4.3 d)］ ・信頼できる測定又は観察を検証するための同等の方法［8.5.4.3 c)］ ・記録の要求［8.5.4.3 e)］	文書化が必要［8.5.4.1 c), 8.5.4.3］ ・モニタリングの責任者［8.5.4.3 f)］ ・使用するモニタリング方法又は装置［8.5.4.3 b)］ ・モニタリング頻度［8.5.4.3 d)］ ・校正方法［8.5.4.3 c)］ ・記録の要求［8.5.4.3 e)］ ・モニタリング結果の評価に関する責任者［8.5.4.3 g)］

表 2.8 （続き）

項目	OPRP	CCP
	・モニタリング結果の評価に関する責任者［8.5.4.3 g）］ ・モニタリング方法及び頻度は，失敗の起こりやすさ及び結果の重大さに釣り合ったものでなければならない． ・モニタリングが観察（例えば，目視検査）による主観的データに基づいている場合は，方法は指示書又は仕様書によって裏付けなければならない．	・モニタリング方法及び頻度は，タイムリーに製品の隔離及び評価ができるように，許容限界内を超えることをタイムリーに検出できるものでなければならない．
逸脱時の修正・是正処置[*6]	文書化が必要（8.5.4.4） 修正（8.9.2）及び是正処置（8.9.3） リリース（8.9.4.2）	文書化が必要（8.5.4.4） 修正（8.9.2）及び是正処置（8.9.3）
責任・権限	文書化が必要［8.5.4.1 e）］ ・モニタリング［8.5.4.3 f）］	文書化が必要［8.5.4.1 e）］ ・モニタリング［8.5.4.3 f）］
検証[*7]	要求あり（8.8.1） ・記録が必要	要求あり（8.8.1） ・記録が必要
妥当性確認	管理手段の妥当性確認として要求あり（8.5.3）	
手順（文書）の更新	要求あり（8.6）	要求あり（8.6）

[*4] コーデックス委員会のHACCP手順 8（管理基準を設定する．）
[*5] コーデックス委員会のHACCP手順 9（モニタリング方法を設定する．）
[*6] コーデックス委員会のHACCP手順 10（改善措置の方法を設定する．）
[*7] コーデックス委員会のHACCP手順 11（検証方法を設定する．）

❖**具体的な考え方**《8.5.4.1》

　表 2.9 にハザード管理プランの例を示す．同表は，図 2.1（140 ページ参照）の事例をもとに 8.5.4.1 から 8.5.4.5 までの要求事項を考慮して作成したものであるが，必要な事項が入っているのであれば，様式はどのようなものであってもよい．

表 2.9 ハザード管理プランの例（加熱スライスハムの工程）

ハザード		病原大腸菌，サルモネラ属菌，黄色ブドウ球菌などの生残
許容水準		上記の病原菌はいずれも陰性であること，及び衛生指標菌として大腸菌群が陰性であること（昭和 34 年厚生省告示第 370 号）また，社内規格として一般細菌数 300 CFU/g 以下であること
工　　程		9 加熱
管理手段		(1) 加熱温度と (2) 時間（中心温度 75℃，1 分を達成するため）
許容限界		(1) 加熱装置の温度　〇〇.〇℃，(2) 加熱時間　△△分
モニタリング	何を	(1)(2) 加熱装置の自記記録計のチャート
	どのようにして	(1) 自記記録計のチャートから温度を読み取る． (2) チャートから〇〇.〇℃に達してからの時間を読み取る．
	頻度	(1)(2) 加熱装置から製品を取り出すとき
	誰が	加熱担当者
許容限界が守られなかったときの処置		(3) 加熱担当者は加熱責任者に連絡する．該当するバッチを保留し，"不適合品管理規程"に基づく処置を行う． 逸脱の原因を調査し，"是正処置管理規程"に基づき処置を実施する．
検　　証		(1) 自記記録計の温度計の校正（毎月） (2) 自記記録計のチャートスピードの校正（毎月） (4) 中心温度が 75℃，1 分を達成していることを校正されたデータロダーで測定（毎月） (5) データロガーの校正（毎月） (6) 微生物検査（毎月） (7) モニタリング記録の点検（毎日） (8) 許容限界が守られなかったときの処置の記録及び検証記録の点検（発生・処置後及び実施後直ちに）
記　　録		(1)(2) 作業日報 (3) 不適合日管理記録及び是正処置管理記録 (4)(5) 検証記録 (6) 微生物検査記録

8 運　用　　　　165

> **8.5.4.2　許容限界及び処置基準の決定**
> 　CCPs における許容限界及び，OPRPs に対する処置基準を規定しなければならない．この決定の根拠を，文書化した情報として維持しなければならない．
> 　CCPs における許容限界は測定可能でなければならない．許容限界に適合することで，許容水準を超えないことが保証されなければならない．
> 　OPRPs における処置基準は，測定可能又は観察可能でなければならない．処置基準に適合することで，許容水準を超えないことの保証に寄与されなければならない．

❖規格解説

　"8.5.4.2 許容限界及び処置基準の決定"は，コーデックス委員会の HACCP 原則 3（管理基準を設定する）に該当する（ただし，コーデックス委員会には，OPRP と OPRP に対する処置基準の概念は含まれていない）．

　CCP における管理手段が予定どおりに機能し，ハザードが許容水準を逸脱していないことをモニタリングで速やかに判定できるように許容限界（許容可能と不可能を分ける判断基準）を決定する．また，OPRP における管理手段が予定どおりに機能し，ハザードが許容水準を逸脱していないことをモニタリングで測定又は観察で判定できるように"処置基準"(3.2) ［OPRP (3.30) のモニタリング (3.27) に対する測定可能な又は観察可能な基準］を決定することが求められる．

　許容限界は，"8.5.2.2 ハザードの特定及び許容水準の決定"で特定されたハザードのうち，その管理手段が CCP とカテゴリー分けされた手段に対し，決められた許容水準が確実に達成されるように設定し，測定可能なものでなければならない．測定可能という要求は，"許容限界"の定義である許容可能と不可能を分けるということを実現するためには不可欠である．

　処置基準は 8.5.2.2 で特定されたハザードのうち，その管理手段が OPRP とカテゴリー分けされた手段に対し，決められた処置基準が確実に達成されるように設定し，測定又は観察可能なものでなければならない．

　選択した許容限界及び処置基準の根拠は文書化することを要求しているが，これは，FSMS の見直しに必要となるからである．特にこれらの情報は"8.6

PRPs 及びハザード管理プランを規定する情報の更新"や"8.5.3 管理手段及び管理手段の組合せの妥当性確認"において重要である．

8.5.4.3 CCPs における及び OPRPs に対するモニタリングシステム

各 CCP において，許容限界内からのあらゆる逸脱を検出するために，それぞれの管理手段又は管理手段の組合せに対してモニタリングシステムを確立しなければならない．このシステムは，許容限界に対する全ての計画された測定を含まなければならない．

各 OPRP に対して，処置基準を満たしている状態からの逸脱を検出するために，管理手段又は管理手段の組合せに対してモニタリングシステムを確立しなければならない．

各 CCP における及び各 OPRP に対するモニタリングシステムは，次の事項を含めて，文書化した情報で構成されなければならない．

a) 適切な時間枠内に結果をもたらす測定又は観察
b) 使用するモニタリング方法又は機器
c) 適用する校正方法又は，OPRPs の場合，信頼できる測定又は観察を検証するための同等の方法（**8.7** 参照）
d) モニタリング頻度
e) モニタリング結果
f) モニタリングに関連する責任及び権限
g) モニタリング結果の評価に関連する責任及び権限

各 CCP において，モニタリング方法及び頻度は，タイムリーに製品の隔離及び評価ができるように，許容限界内からのあらゆる逸脱をタイムリーに検出できるものでなければならない（**8.9.4** 参照）．

各 OPRP において，モニタリング方法及び頻度は，逸脱の起こりやすさ及び結果の重大さと均衡のとれたものでなければならない．

OPRP のモニタリングが観察（例えば，目視検査）による主観的データに基づいている場合は，その方法は指示書又は仕様書によって裏付けられたものでなければならない．

❖規格解説

"8.5.4.3 CCPs における及び OPRPs に対するモニタリングシステム"は，コーデックス委員会の HACCP 原則 4（モニタリング方法を設定する）に該当する（ただし，コーデックス委員会には，OPRP と OPRP に対する処置基準のモニタリングという概念は含まれていない）．

CCP 及び OPRP における管理手段又は管理手段の組合せが予定どおりに機

8 運　用

能し，ハザードが許容水準を逸脱していないことを判定できるように，モニタリング方法を決定する．

　CCP及びOPRPが管理されている（許容限界／処置基準から逸脱していない）ことを証拠として提供できるよう，モニタリングシステムを確立することが求められる．モニタリング方法の選択及び頻度の設定に当たっては，逸脱が発生した場合，適時にそれを検出し，修正及び是正処置がとれることをより詳細に求めている．

　モニタリングシステムは，a)からg)の事項を含んでいなければならない．

　a)の"適切な時間枠内に結果をもたらす"という要求は，許容限界を逸脱したときに，使用又は消費される前に製品の隔離を決定できるように設定されているものである．したがって，a)は言い換えれば"タイムリーに結果を知ることができる測定又は観察"ということになる．d)の"モニタリング頻度"も同様である．

　b)の"使用するモニタリング方法"は，中心温度の測定，加熱時間の測定などをいい，"使用するモニタリング機器"には中心温度計，放射温度計，タイマー，pHメーター，秤，流量計，糖度計，水分活性計，金属探知機などがある．

　c)の"適用する校正方法"は，一般的にb)の機器の精確さの管理を意味する．主観的データを用いる場合には，文書による規定若しくは教育訓練により，人による検査の正確さが維持できるように処置を行うこととなる．OPRPの場合，例えば，OPRPで消毒塩素に用いる次亜塩素酸ナトリウム溶液の濃度を市販のpH試験紙で確認する場合は，試験紙の製造元に確認したデータを求めるとか，製造ラインにおけるアレルゲンの存在をELISAキットで確認する場合は検出下限値や特異性等のデータをキットの製造元から入手すべきである．

　d)の"モニタリング頻度"は，CCPにおいて許容限界からの逸脱をオンタイムでモニタリングできる頻度で，OPRPにおいて処置基準からの逸脱を起こりやすさ及び結果の重大さと均衡のとれた頻度で行うことが求められている．その管理手段の安定性やばらつきによって頻度は変わってくる．CCPモニタリングの場合は，理想的には連続式又は全バッチが基本である．

e) のモニタリング結果では，どのような様式を使い，どのような項目について，記録を残すのかについては，FSMS を運営する組織に任されている．しかしながら，その記録は CCP 又は OPRP が管理されていることを実証できるものでなければならない．モニタリング結果の文書化の方法・手順を規定することを求めている．

f) の"責任及び権限"では，モニタリングを行う要員の責任及び権限を定めることを求めている．

g) では，モニタリング結果の評価に関連する責任及び権限を定めることを求めている．

CCP において，モニタリング方法及び頻度は，タイムリーに製品の隔離及び評価ができるように，許容限界内からのあらゆる逸脱をタイムリーに検出できることが求められ，一方，OPRP におけるモニタリング方法及び頻度は，逸脱の起こりやすさ及び結果の重大さと均衡のとれたものであることが求められる．主観的データに基づくモニタリングは OPRP でのみ認められる．

❖具体的な考え方《8.5.4.3》

ハザード管理プランの中でどのようなモニタリングを行うかという選択は，FSMS 構築後にシステムを容易に維持できるかどうかに関わってくる．

モニタリングの対象として考えられるものは複数ある．表 2.9 では，次の三つの選択肢が考えられるが，この場合はオプション 3 を選択している（オプション 2 を選択してもよい）．

オプション 1：ハザードの許容水準である病原菌を測定する．

オプション 2：病原菌を許容水準以下にできるような加熱条件が達成できるよう，最も温度の上がりにくい食肉製品の中心温度を測定する．

オプション 3：オプション 2 の条件が達成できるような，加熱器の雰囲気温度と加熱時間のパラメータの許容限界を決めてモニタリングする．

管理手段の機能が維持されていることをどのような手段により確認するかは，規格を適用しようとする組織の判断に委ねられている．オプション1の方法は，時間とコストがかかり，また，抜取検査にならざるを得ず，CCPを管理するためのモニタリングには不向きである．オプション2の方法は，現場での管理として行うことはできるが，オプション3の方法に比べると現場作業員への負担は増える．オプション2やオプション3のような方法をモニタリング手段として採用した場合には，その管理条件の下ではハザードが許容水準を逸脱していない（すなわち，対象ハザードは死滅している）ということの裏付け（すなわち，妥当性確認のデータ）をもっておく必要がある（"8.5.3 管理手段及び管理手段の組合せの妥当性確認""8.5.4.2 許容限界及び処置基準の決定"を参照）．このように，モニタリング方法を決定する場合には，管理手段のばらつきや現場への負担，コスト，結果が得られる迅速性，どのような裏付けをとる必要があるのかといった，様々な要素を考慮に入れることが必要である．

上述のオプション1で述べた培養法に基づく微生物検査は，通常，CCPのモニタリングとして設定されることはない．その理由は，多くの組織で上記の"適切な時間内に結果を提供する"ことと，"適切なモニタリング頻度"という要求を満たすことが難しいからである．しかし，組織内で行っている微生物検査は検証及び妥当性確認の手段として必要である．

8.5.4.4 許容限界又は処置基準が守られなかった場合の処置

組織は，許容限界又は処置基準が守られなかった場合にとるべき修正（**8.9.2** 参照）及び是正処置（**8.9.3** 参照）を規定し，かつ，次のことを確実にしなければならない．
a) 安全でない可能性がある製品がリリースされていない（**8.9.4** 参照）．
b) 不適合の原因を特定する．
c) CCPにおいて又はOPRPによって，管理されているパラメータを許容限界内又は処置基準内に戻す．
d) 再発を予防する．

組織は，**8.9.2** に従って修正を行い，また **8.9.3** に従って是正処置をとらなければならない．

❖規格解説

 "8.5.4.4 許容限界又は処置基準が守られなかった場合の処置"は，コーデックス委員会のHACCP原則5（改善措置の方法を設定する）に該当する（ただし，コーデックス委員会には，OPRPとOPRPに対する処置基準のモニタリングという概念は含まれていない）．

 ハザード管理プランは，許容限界又は処置基準が守られなかった場合にとるべき修正及び是正処置をあらかじめ計画としてその中に含めておかなければならない．修正及び是正処置は，不適合の原因を特定にすることにより，逸脱したCCP又はOPRPを管理下に引き戻し，再発を防止する（不適合の原因を除去する）ものでなくてはならない．また，安全でない可能性がある製品がリリースされないことが求められる．

8.5.4.5 ハザード管理プランの実施

 組織は，ハザード管理プランを実施し，維持し，また実施の証拠を文書化した情報として保持しなければならない．

❖規格解説

 "8.5.4.5 ハザード管理プランの実施"は旧規格にはなく，本規格で新たに導入された箇条である．

 組織は，作成したハザード管理プランを実施し，すなわち，CCPには許容限界を，OPRPには処置基準を設定し，CCP及びOPRPのモニタリングを行い，許容限界又は処置基準が守られなかった場合にとるべき修正及び是正処置を計画し，実施し，モニタリング，修正及び是正処置等の実施の証拠（モニタリング記録，改善処置記録，検証記録等）を文書化した情報として保持することが求められている．

8.6 PRPs及びハザード管理プランを規定する情報の更新

> **8.6 PRPs及びハザード管理プランを規定する情報の更新**
> ハザード管理プランを確立した後，組織は，必要ならば，次の情報を更新しなければならない．
> a) 原料，材料及び製品と接する材料の特性
> b) 最終製品の特性
> c) 意図した用途
> d) フローダイアグラム及び工程並びに工程の環境の記述
> 組織は，ハザード管理プラン及び／又はPRP(s)が最新であることを確実にしなければならない．

❖規格解説

"8.6 PRPs及びハザード管理プランを規定する情報の更新"では，組織がFSMSの構築をした後の更新の対応について記載している．更新の対象としては，a)からd)のハザード分析を行うために収集した事前情報を取り上げている．確立したPRP及び／又はハザード管理プランは，組織内外の状況の変化によって様々な影響を受けることとなる．これらの有効性を維持するためには，その成立の根拠となっているa)からd)の事前情報の変化の有無を確かめることが必要になってくる．更新を適切に行うためには，"7.4.3 内部コミュニケーション"における要求を理解し，確実に実施されることが重要である．

事前情報に変化があって，そのことにより修正の必要があるのであれば，"ハザード管理プラン及び／又はPRP"を適切に修正することを要求している．

8.7 モニタリング及び測定の管理

> **8.7 モニタリング及び測定の管理**
> 組織は，指定のモニタリング及び測定方法及び使用される装置が，PRP(s)及びハザード管理プランに関連した，モニタリング及び測定活動にとって適切であるという証拠を提示しなければならない．
> モニタリング及び測定に使用する装置は，次の事項を満たさなければならない．
> a) 使用前に，定められた間隔で校正又は検証する．
> b) 調整する又は必要に応じて再調整する．

c) 校正の状態が明確にできるように特定する．
d) 測定した結果が無効になるような調整からの安全防護
e) 損傷及び劣化からの保護

　校正及び検証の結果は，文書化した情報として保持しなければならない．全ての装置の校正は，国際又は国家計量標準までトレースできなければならない．標準が存在しない場合は，校正又は検証に用いた基準を文書化した情報として保持しなければならない．

　装置又は工程の環境が要求事項に適合しないことが判明した場合，組織は，それまでに測定した結果の妥当性を評価しなければならない．組織は，関連する装置又は工程の環境及び不適合によって影響を受けたあらゆる製品について適切な処置をとらなければならない．

　評価及びその結果としての処置は，文書化した情報として維持されなければならない．

　FSMS内でのモニタリング及び測定で使用するソフトウェアは，組織，ソフトウェア供給者，又は第三者が，使用前に妥当性確認をしなければならない．妥当性確認活動に関する文書化した情報は組織が維持し，かつ，ソフトウェアはタイムリーに更新しなければならない．

　ソフトウェアの構成／市販の入手可能なソフトウェアへの修正を含む変更があったときは必ず，その変更を承認し，文書化し，また，実施前に妥当性確認をしなければならない．

　　注記　設計された適用範囲内で一般的に使用されている市販のソフトウェアは，十分に妥当性確認がされているとみなし得る．

❖規格解説

　"8.7 モニタリング及び測定の管理"は，旧規格の8.3（モニタリグ及び測定の管理）とほぼ同じ内容であるが，CCP，OPRP及びPRPのモニタリング装置の管理ということで箇条8に置かれている．

　CCP及びOPRPとなった管理手段は，ハザード管理プランの中で，またPRPについても，モニタリング又は校正を行うことが要求されている["8.5.4.3 CCPsにおける及びOPRPsに対するモニタリングシステム"のc)]ので，いずれのモニタリング及び測定のために使用される装置及び採用する方法は，信頼できる測定又は観察できる方法として管理される必要がある．ここで"装置"だけではなく，"方法"が管理される対象として挙げられているのは，微生物検査や官能検査などの検証が重要になる場合が考えられるからである．

　"測定値の正当性が保証されなければならない"モニタリング及び測定に使

用する装置は，8.7のa)からe)の事項を満たす必要がある．

また，全ての装置の校正は，国際標準又は国家標準へのトレーサビリティの確保を意味している．既知の科学的知見に照らして，組織の定められた管理手段や管理状況を評価しようとしたとき，測定によって得られた値が既存の体系に対して一定の関係をもっていなければ，評価することは不可能になる．これは，科学的な根拠に基づいて管理を行うためには必要な要求である．しかしながら，そもそもそういった国際標準や国家標準がない場合には，組織内で装置の精度を管理するために行った校正又は検証に用いた基準を記録する．

校正によって，装置又は工程の環境（プロセス：モニタリング及び測定手順に基づいた作業，例えば，作業室の室温を10℃以下で管理）が要求されている精度を満たしていないことが明らかになった場合には，組織はその装置で行ったモニタリング又は測定が妥当であったかを評価することが求められる．妥当性の評価は，装置の狂いがモニタリング又は測定結果に与えた影響を考慮して行う．その結果として，製品への要求事項が満たされないため，安全でない可能性があると評価された製品があれば"8.9.4 安全でない可能性がある製品の取扱い"に従って取り扱う．この評価の結果とそれに応じてとった処置は記録することが求められる．

校正及び検証の結果は，文書化した情報として保持する必要がある．全ての装置の校正は，国際的又は国内の測定標準までトレースすることが必要である．国際的又は国内の測定標準がない場合は，校正又は検証をどのような考え方で実施したのか，文書化した情報として保持することが求められる．

FSMS内でのモニタリング及び測定でソフトウェアを使用している場合は，その性能を盲目的に信じてモニタリングや測定に使用した場合には，当初期待した役割を果たせないことがある．そのような事態を防ぐために，意図した用途を満たす能力をもつことを確認するという要求がある．すなわち，組織，ソフトウェア供給者又は第三者が，使用前にソフトウェア等の妥当性確認が必要となる．この妥当性確認活動の内容は文書化した情報として組織が維持し，かつ，ソフトウェアはタイムリーに更新する必要がある．

ソフトウェアの構成／市販ソフトウェアへの修正を含む変更があったときは必ず，その変更内容を承認し，その経緯，変更内容等を文書として記録し，また，実施前に妥当性確認を行う必要がある．

8.8　PRPs 及びハザード管理プランに関する検証

> 8.8　PRPs 及びハザード管理プランに関する検証
> 8.8.1　検証
> 　組織は，検証活動を確立，実施及び維持しなければならない．検証計画では，検証活動の目的，方法，頻度及び責任を明確にしなければならない．
> 　個々の検証活動は，次の事項を確認しなければならない．
> a)　PRP(s) が実施され，かつ効果的である．
> b)　ハザード管理プランが実施され，かつ効果的である．
> c)　ハザード水準が，特定された許容水準内にある．
> d)　ハザード分析へのインプットが更新されている．
> e)　組織が決定したその他の活動が実施され，かつ効果的である．
> 　組織は，検証活動を，同じ活動のモニタリングに責任を有する人が実施しないことを確実にしなければならない．
> 　検証結果は，文書化した情報として保持され，また伝達されなければならない．
> 　検証が最終製品サンプル又は工程から直接とったサンプルの試験に基づき，かつ，そのような試験サンプルが食品安全ハザード（**8.5.2.2** 参照）の許容水準への不適合を示した場合，組織は影響を受ける製品ロットを安全でない可能性があるもの（**8.9.4.3** 参照）として取り扱い，かつ，**8.9.3** に従って是正処置を適用しなければならない．

❖規格解説

　"8.8 PRPs 及びハザード管理プランに関する検証"は，コーデックス委員会の HACCP 原則 6（検証方法を設定する，ただし，妥当性確認部分は除く）に該当している．旧規格でも検証プランがあったが，今回の改訂で，CCP 及び OPRP だけでなく，PRP が効果的であるかも検証する検証計画を確立することが求められる．また検証を行う者はモニタリングを行った者以外でなければならないことが明記された．

　検証は，組織によって実施される FSMS への信頼性を提供する手段である．本規格は，検証の要素 [a)〜e)] の実施を要求している．

8 運 用

妥当性確認，モニタリング及び検証の概念を混同してはならない．妥当性確認は，活動に先立って行われる評価であり，その役割は，個別の（又は組合せとしての）管理手段が，意図された水準の管理（又は許容水準への適合）を達成できることを証明することである．モニタリングの役割は，管理手段で示されている活動状況を継続的に監視していくことである．検証は活動後（一部は活動中）に行われる評価であり，その目的は意図された管理水準が実際に達成されてきた（及び／又は許容水準を満たしている）ことを証明することである．検証の結果，適合性を疑われるバッチの存在が明らかになった場合，そのバッチは"8.9.4 安全でない可能性がある製品の取扱い"に従って取り扱われる["3.27 モニタリング（監視）""3.44 妥当性確認""3.45 検証"を参照].

検証計画では，a) から e) の事項の確認を含んだ計画（検証計画の目的・方法・頻度・責任・記録）を作成することが求められる．

検証頻度は適用される管理手段の確実性に依存する．例えば，モニタリングの信頼性が高ければ，管理手段の有効性の検証頻度は低減し得る．

検証の結果は記録が要求されている．この記録は必ず食品安全チームに報告されなければならず，"9.1.2 分析と評価""9.3 マネジメントレビュー"及び"10.2 継続的改善"に使えるようなデータでなければならない．

検証が最終製品サンプル又は直接プロセスサンプルの試験に基づき，かつ，そのような試験サンプルが食品安全ハザード（"8.5.2.2 ハザードの特定及び許容水準の決定"）の許容水準への不適合を示した場合，"8.9.4.3 不適合製品の処理"に従って，影響を受ける製品ロットを安全でない可能性があるものとして取り扱い，かつ，"8.9.3 是正処置"に従って，是正処置を適用することが求められる．

❖ **具体的な考え方**《8.8.1》

表 2.9（164 ページ参照）のハザード管理プランにおける検証は b) と c) の一部が該当する．その他検証の要素は別途計画する必要がある．例えば，PRP が実施され，かつ効果的であることや，OPRP が特定されていれば，CCP と

同様に，手順の中にモニタリングと検証計画を決めておくなどが考えられる．

> **8.8.2 検証活動の結果の分析**
> 食品安全チームは，FSMS のパフォーマンス評価（**9.1.2 参照**）へのインプットとして使用する検証の結果の分析を実施しなければならない．

❖規格解説

"8.8.1 検証"に従って行われた検証の結果は，食品安全チームによって体系的に FSMS のパフォーマンス評価されなければならない．そのためには，検証結果は結果の分析を可能にするような形で食品安全チームに提供されなければならない．

この分析は，特定されたハザードの許容水準を満たす最終製品を出荷する上での食品安全マネジメントシステムの全体的パフォーマンスの評価手段を提供するものである．その結論は，組織の内部に対しては，システムを見直すための重要な情報となり，組織の外部に対しては，公的機関や顧客とのコミュニケーションにおける主要な情報となる．

食品安全チームが分析を行う検証活動として，ここでは"FSMS のパフォーマンス評価（9.1.2）"が記載されているが，実際には各箇条で引用を繰り返しているため，対象となる検証活動の範囲は広がる．

検証活動の結果の分析は，9.1.2 に記載されている，次の a) から e) の事項のために行う．

a) システム全体の適合性を確認する．
b) 更新又は改善の必要性を明らかにする．
c) 安全でない可能性のある製品の増加傾向を明らかにする．
d) 効果的な内部監査を計画するための情報を明確にする．
e) 不適合に対する処置（修正，是正処置）が有効であるという証拠を提供することを確認する．

8 運用

8.9 製品及び工程の不適合の管理

> **8.9 製品及び工程の不適合の管理**
> **8.9.1 一般**
> 　組織は，OPRPs 及び CCPs におけるモニタリングで得られたデータが，修正及び是正処置を開始する力量及び権限をもつ指定された者によって評価されることを確実にしなければならない．

❖規格解説

　この箇条は旧規格の"7.10 不適合の管理"を移動し，"製品及び工程"の不適合であることが明記された．

　OPRP 及び CCP のモニタリングで得られたデータは，修正及び是正処置を開始する力量及び権限を有し，指定された者によって確実に評価される必要がある．"修正及び是正処置を開始する力量及び権限をもつ指定された者"は，モニタリングで得られたデータを解析し，評価し，OPRP 及び CCP における管理の状態が意図したものでないことを判断できる力量があり，組織からその判断権限を任されている者であり，ハザードとその管理方法に関する十分な知識と力量を有している者である必要がある．その決定プロセスや当該者の要件は組織が決めることができる．

> **8.9.2 修正**
> **8.9.2.1** 組織は，CCP(s)における許容限界及び／又は OPRPs に対する処置基準が守られなかった場合は，影響を受けた製品を特定して，その使用及びリリースについて管理されていることを確実にしなければならない．
> 　組織は，次を含む文書化した情報を確立，維持及び更新しなければならない．
> a) 適切な取扱いを保証するための影響を受けた製品の特定，評価及び修正の方法
> b) 実施した修正のレビューのための取決め

❖規格解説

　"8.9.2.1"の"CCP(s)における許容限界及び／又は OPRPs の管理に対する処置基準が守られなった場合"というのは，ハザードが許容水準を逸脱した可

能性があることを示しており，不適合である．修正では，そのことによって安全が損なわれている可能性のある製品がほかに影響しないように管理することを要求している．

修正の手順としては，a)とb)の二つの要求をしている．

a)は，安全でない可能性のある製品が間違って顧客のところに届かないように，もしその製品がすでに顧客に渡されてしまっていたとしてもそれが間違って使われないようにするための処置である．

b)のレビューは，実施した活動の評価・見直しのためである．

8.9.2.2　CCPsにおける許容限界が守られなかった場合は，影響を受けた製品を特定して，安全でない可能性がある製品として取り扱わなければならない（**8.9.4**参照）．

❖規格解説

CCPにおける許容限界が守られなかった場合は，その間に製造加工された製品はハザードが許容水準を逸脱した可能性があることを示しており，不適合であり，安全でない可能性がある製品として取り扱わなければならない．これはCCPと許容限界の定義から考え，自明の要求事項である．修正では，そのことによって安全が損なわれている可能性のある製品がほかに影響しないよう管理することを要求している．

8.9.2.3　OPRPに対する処置基準が守られなかった場合，次のことを実施しなければならない．
a)　食品安全に関する逸脱の結果の判断
b)　逸脱の原因の特定
c)　影響を受けた製品の特定及び**8.9.4**による取扱い
　　組織は，評価の結果を文書化した情報として保持しなければならない．

❖規格解説

"8.9.2.2"がCCPで許容限界が守られなかった場合の処置のことを規定し

ているの対し，"8.9.2.3"はOPRPにおいて処置基準が守られなかった場合，実施する必要があることが記されている．

　OPRPに対する処置基準が守られなかった場合には8.9.2.2と異なり，即座に安全でない可能性のある食品として取り扱う必要があるというわけではない．逸脱したことが食品安全上どのような影響があるのかを評価し，逸脱原因を究明し，影響を受けた製品を特定し，a)の評価の結果，安全でない可能性があると評価された場合には"8.9.4 安全でない可能性がある製品の取扱い"に従った取扱いが必要となる．

　この場合，a)の判断の結果を文書化した情報として保持することが求められる．

8.9.2.4 文書化した情報は，次を含め，不適合製品及び工程について行われた修正を記述するために保持されなければならない．
a) 不適合の性質
b) 逸脱の原因
c) 不適合の結果としての重大性

❖**規格解説**

　対象となった不適合製品のロット及び工程，不適合の性質，逸脱原因，不適合の結果としての重大性，実施した修正が明らかになるように記録をとっておかなければならない．

8.9.3　是正処置
　CCP(s)における許容限界及び／又はOPRPsに対する処置基準が守られていない場合，是正処置の必要性を評価しなければならない．
　組織は，検出された不適合の原因の特定及び除去のため，再発を防止するため，及び不適合が特定された後に工程を正常（管理状態）に戻すための適切な処置を規定した文書化した情報を確立し，維持しなければならない．
　これらの処置は，次の事項を含まなければならない．
a) 顧客及び／又は顧客苦情及び／又は法律に基づく検査報告書で特定された不適合を

レビューする.
b) 管理が損なわれる方向にあり得ることを示すモニタリング結果の傾向をレビューする.
c) 不適合の原因を特定する.
d) 不適合が再発しないことを確実にするための処置を決定し,実施する.
e) とられた是正処置の結果を文書化する.
f) 是正処置が有効であることを確実にするため,とられた是正処置を検証する.

組織は,全ての是正処置に関する文書化した情報を保持しなければならない.

❖規格解説

"是正処置"(3.10)の定義は"不適合(3.28)の原因を除去し,再発を防止するための処置."である.コーデックス委員会のHACCP原則5に該当する.

CCPが許容限界を逸脱したときと,OPRPが処置基準から逸脱したときには,是正処置の必要性を評価することを要求している.

今回の改訂で,保健所による監視報告及び顧客からの苦情で特定された不適合について,レビュー項目として追加された.

a)とb)は,組織の内外から伝達されるハザードの管理状況に関する情報を適切に評価した上で,確実に是正処置へとつなげる活動のことを記載している.

是正処置は,原因を除去することによって問題の再発を防止する処置であるところから,c)の原因の特定は,是正処置を行う上で必須である.

特定された不適合の原因に対して,それを除去するための活動は再発を防止するために必要である.しかしながら,挙げられた原因が発生した不適合の原因の主要なものであるとは限らない.d)では,挙げられた原因を除去することが,再発を防止するために十分であるかを検討することとなる.さらに,第1段落にある"必要性を評価しなければならない."という語句には,処置の有効性ばかりでなく,経済性や危害の可能性なども考慮に入れることが含められている.

e)の"是正処置の記録"は,システムの有効性の評価やシステムが有効に機能しなかったときの原因を調べるために必要なものである.そういったこと

のために，是正処置には記録が要求されている．

f)での"行った是正処置"に対しては，その処置の有効性を確認するための検証が要求されている．よいと思って行った処置でも，実際に行ってみると期待していたような効果を挙げることができないことがある．

全ての是正処置の記録を文書化された情報として維持する必要がある．

8.9.4 安全でない可能性がある製品の取扱い

8.9.4.1 一般

組織は，次の事項のいずれかを提示することが可能である場合を除き，安全でない可能性がある製品がフードチェーンに入ることを予防するための処置をとらなければならない．

a) 対象となる食品安全ハザードが規定された許容水準まで低減されている．

b) 対象となる食品安全ハザードが，フードチェーンに入る前に規定された許容水準まで低減される．

c) 製品が，不適合にもかかわらず，対象となる食品安全ハザードの規定された許容水準を引き続き満たしている．

組織は，安全でない可能性があるとして特定された製品は，評価され，処理が決定されるまでは，組織の管理下に置かなければならない．

組織の管理を離れた製品が，その後，安全でないと判定された場合，組織は関連する利害関係者にそのことを通知し，回収／リコール（**8.9.5**参照）を開始しなければならない．

当該管理及び関連する利害関係者からの反応並びに安全でない可能性がある製品を取り扱うための権限を，文書化した情報として保持しなければならない．

❖**規格解説**

"安全でない可能性がある製品"（不適合が発生している状況下で生産されたものの，その製品が要求事項を満たしているかどうかについては，確定していない製品）は，不適合製品がフードチェーンに入ることを防ぐために，a)からc)のいずれかの要件を満たさない限り，出荷してはならない．すでに出荷してしまった製品が安全でないと判断された場合，回収／リコールを行わなければならない（8.9.5参照）．

a)からc)は"8.9.4.2 リリースのための評価"の視点を示している．a)は

ハザードがすでに低減されていたといえるか，b) はこれから何らかの活動により低減することができるか，c) は安全に問題があることが疑われたが調べた結果問題がないことが証明できるかを示している．評価の結果，安全でないことが確定した製品は"8.9.4.3 不適合製品の処理"で取り扱われることが要求されている．

安全でない可能性があるが，それが確定していない製品については，組織の管理下に置くことが要求されている．こういった製品が組織内にある場合には，識別・隔離といった方法で，組織外への流出や組織内での誤使用を防止する必要がある．また，当該製品がすでに組織外にある場合には，問題となっている製品の所在を明らかにした上で，保管している組織／個人が誤使用しないように通知し，回収／リコールを開始する必要がある．

安全でない可能性がある製品を取り扱うための手順及び権限は，食品安全に及ぼす影響が大きいため，文書化が要求されている．

"不適合製品""安全でない製品""安全でない可能性がある製品"の関係をまとめたものが図 2.3 である．

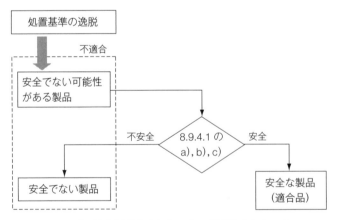

図 2.3 "不適合製品""安全でない製品""安全でない可能性がある製品"の関係

8 運用

8.9.4.2 リリースのための評価

不適合によって影響を受けた製品のそれぞれのロットは，評価しなければならない．

CCPs における許容限界内からの逸脱によって影響を受けた製品はリリースしてはならず，8.9.4.3 に従って取り扱われなければならない．

OPRPs に対する処置基準を満たしている状態からの逸脱によって影響を受けた製品は，次のいずれかの条件に該当する場合のみ，安全な製品としてリリースされなければならない．

a) モニタリングシステム以外の証拠が，管理手段が有効であったことを実証している．
b) 特定の製品に対する管理手段の複合的効果が，意図したパフォーマンス（すなわち，特定された許容水準）を満たしていることを実証する証拠がある．
c) サンプリング，分析及び／又はその他の検証活動の結果が，影響を受けた製品は，該当する食品安全ハザードの特定された許容水準に適合することを実証している．

製品リリースのための評価の結果は，文書化した情報として保持されなければならない．

❖規格解説

CCP における許容限界からの逸脱によって影響を受けた製品はリリースしてはならず，"8.9.4.3 不適合製品の処理"に従って取り扱われなければならない．

一方，OPRP に対する処置基準を満たしている状態からの逸脱によって影響を受けた製品は，不適合の影響を受けて安全でない可能性をもったために出荷止めとなった製品の制限を解除するための条件について記載している．

a) は，例えば，スライサーの殺菌の次亜塩素酸ナトリウム溶液の濃度がモニタリングの結果，処置基準を満たしていなかったとしても，ATP での検証により，管理手段は有効であったと判断されたようなケースが考えられる．

b) では，ある管理手段で不適合が発生しても，そのハザードを管理する他の管理手段と組み合わせてその効果を考えた場合に，許容水準からの逸脱はなかったと判断されるような場合である．例えば，スライサーの刃の殺菌条件が処置基準を満たしていない場合に，スライサーの刃の殺菌頻度が十分に高く，微生物汚染予防効果が得られたと判断されるケースが考えられる．

c）では，別途の検証活動によって，ハザードの許容水準に適合しているということが実証された場合である．例えば，スライサーの刃の殺菌を管理手段としているような工程で，殺菌条件の逸脱が一時的に発生したようなケースでは，微生物検査を検証として使い，*Listeria monocytogenes* が許容水準以下であることを確認する場合が考えられる．

8.9.4.3 不適合製品の処理

リリースが認められない製品は，次の作業のいずれかによって取り扱わなければならない．
a) 食品安全ハザードが許容水準まで低減されることを確実にするための，組織内又は外での再加工又は更なる加工
b) フードチェーン内の食品安全が影響を受けなければ，他の用途への転用
c) 破壊及び／又は廃棄処理

承認権限をもつ者の特定を含め，不適合製品の処理に関する文書化した情報を保持しなければならない．

❖規格解説

不適合であることが明確になった製品については，a），b）又はc）の処置を行わなければならない．

a）は，不適合となった製品をさらに利用するための方法である．再加工（管理手段で使われているのと同じ種類の製造・加工）と更なる加工（管理手段で使われているのとは違った製造・加工）は，組織外・組織内のどちらで行ってもよいが，そういった操作を行うことによって，ハザードは許容水準以下になっていなければならない．

b）は，他の用途への転用（動物用飼料等）であり，この場合でもフードチェーン内の食品安全に悪影響を与えてはならない．

c）は，その製品を今後使用しないと判断したときの対応であり，誤使用を防止するための処置として，"破壊及び／又は廃棄"が挙げられている．"破壊及び／又は廃棄"には，安全に廃棄できるようにするための処置が含まれる．

不適合製品処理の承認をする権限を有する者を特定し，また不適合製品の処

理に関する手順，実施した記録を文書にした情報として保持することが求められる．

> **8.9.5 回収／リコール**
> 組織は，回収／リコールを開始及び実施する権限をもつ，力量のある者を指名することにより，安全でない可能性があると特定された最終製品のロットのタイムリーな回収／リコールを確実にできなければならない．
> 組織は，次のために文書化した情報を確立し，維持しなければならない．
> a) 関連する利害関係者（例えば，法令及び規制当局，顧客及び／又は消費者）への通知
> b) 回収／リコールした製品及びまだ在庫のある製品の取扱い
> c) とるべき一連の処置の実施
> 回収／リコールされた製品及びまだ在庫のある最終製品は，**8.9.4.3** に従って管理されるまでは確実に保管されるか，組織の管理下に置かれなければならない．
> 回収／リコールの原因，範囲及び結果は，文書化した情報として保持され，またマネジメントレビュー（**9.3** 参照）へのインプットとして，トップマネジメントに報告しなければならない．
> 組織は，回収／リコールプログラムの実施及び有効性を適切な手法（例えば，模擬回収／リコール，又は回収／リコール演習）の使用を通じて検証し，かつ，文書化した情報として保持しなければならない．

❖**規格解説**

旧規格では"回収"（withdrawal）という表題であったが，今回の改訂で"回収／リコール"となった（旧規格には"'回収'は，リコールを含む."という注記があったが，本規格では分かれている）．

回収は，管理されていると思われていたハザードが管理されずに安全でないと判断された製品が組織外に出てしまった場合に行わなければならない．

回収／リコールの開始及び実施する権限を有する，力量のある者を指名することにより，安全でない可能性があると特定された最終製品のロットをタイムリーに，確実に回収／リコールできなければならない．

不適合製品の外部への流出は，問題となっているハザードによる健康被害が発生する可能性があるので，回収は遺漏なく迅速に行う必要がある．回収の利

害関係者への通知のための手順は重要であるため，文書化した手順が要求されている．

　回収／リコールされた製品及び，まだ在庫のある最終製品は，"8.9.4.3 不適合製品の処理"に従って，管理されるまでは確実に保管するか，誤って使用されないように管理しておかなければならない．

　回収された製品は次の処置により，安全であると判断されるまでは，組織の管理下に置く必要がある．

① 食品安全ハザードが許容水準まで低減されることを確実にするための，組織内又は外での再加工又は更なる加工

② フードチェーン内の食品安全が影響を受けなければ，他の用途への転用

　回収／リコールの原因，範囲及び結果は，文書化した情報として保持され，またマネジメントレビュー（9.3）へのインプットとして，トップマネジメントに報告することが求められる．これは，回収がマネジメントシステムに与える影響が大きく，システム見直しの重要な要素であることから要求されている．

　回収／リコールプログラムを行うために定められた手順は，実際の問題が発生したときに不備が明らかになるということがないよう，実際に実施する，あるいは適切な手法（例えば，模擬回収／リコール，又は回収／リコール演習）の使用を通じて有効性を検証し，かつ，その検証結果は文書化した情報として保持することが要求されている．例として示されている"模擬回収／リコール"や"回収／リコール演習"は，いずれも回収が行われる状況を想定してそれを試行することで，現在の手順の不備を見つけ出すための方法となる．ただし，その演習をどの程度，現場の設備・製品や人員を使って実施するかは，組織の判断に任されている．

9 パフォーマンス評価

"9 パフォーマンス評価"は，FSMS 全体の枠組みを対象とした，いわゆるシステムレベルの PDCA のうち，C に該当する要求事項で構成されている．つまり，FSMS のパフォーマンスを評価して，その結論を"10 改善"の要求事項につないでいる．"9.1 モニタリング，測定，分析，評価"では，主に"8 運用"に関係するモニタリング及び測定とその結果を含む検証活動（"8.8 PRPs 及びハザード管理プランに関する検証"）を前提とした分析・評価を扱っている．一方，"9.2 内部監査"と"9.3 マネジメントレビュー"はシステム全体を視野に入れた Check（C）の活動となっている．

9.1 モニタリング，測定，分析及び評価

> 9 パフォーマンス評価
> 9.1 モニタリング，測定，分析及び評価
> 9.1.1 一般
> 組織は，次の事項を決定しなければならない．
> a) モニタリング及び測定が必要な対象
> b) 該当する場合には，必ず，妥当な結果を確実にするための，モニタリング，測定，分析及び評価の方法
> c) モニタリング及び測定の実施時期
> d) モニタリング及び測定の結果の，分析及び評価の時期
> e) モニタリング及び測定からの結果を分析及び評価しなければならない人
> 組織は，これらの結果の証拠として，適切な文書化した情報を保持しなければならない．
> 組織は，FSMS のパフォーマンス及び有効性を評価しなければならない．

❖規格解説

FSMS に関わる全てのモニタリング及び測定について，a) から e) の事項を決定することを要求している．

a)"モニタリング及び測定が必要な対象"は，ハザード管理プランに含まれるもの以外に，"6.2 食品安全マネジメントシステムの目標及びそれを達成

するための計画策定""7.1.6 外部から提供されるプロセス，製品又はサービスの管理""8.2 前提条件プログラム（PRPs）"などで規定されている．組織において，それぞれ具体的に該当するモニタリング及び測定の対象を決定する．

b) "該当する場合は必ず，モニタリング方法，測定方法，分析方法，評価方法を決定する．"これらは，妥当な結果を確実に得ることができる方法である必要がある．

c) "モニタリング及び測定をいつ実施するか，実施時期を決定する．"これはモニタリング及び測定を実施する頻度を決めることを含む．

d) "モニタリング及び測定した結果をいつ分析・評価するか，分析及び評価の実施時期を決定する．"これは分析及び評価を実施する頻度を決めることを含む．また，分析と評価は必ず一対で行う必要はない．何回かの分析結果をもって評価してもよい．a) で決定した対象は全て何らかの形で分析及び評価の対象となることに注意が必要である．

e) "分析及び評価を実施する人を決定する．"

これらを決定した結果として，適切な文書化した情報を保持する．"適切な"とあるように a) から e) を全て網羅した文書化した情報が必要ではない．しかし，"8.5.4.3 CCPs における及び OPRPs に対するモニタリングシステム"において，すでにモニタリングの結果の文書化した情報が要求事項となっているように，省略できないものもある．

結果として，FSMS のパフォーマンス及び有効性を評価することが必要である．これは，a) で決定したモニタリング及び測定が必要な対象に，FSMS のパフォーマンス指標，及び有効性の判断指標が含まれることを意味している．

❖具体的な考え方《9.1.1》

"9.1.1 一般"は，モニタリング及び測定の要求事項である a) から c) と，それらの結果を分析及び評価する要求事項 b), d), e) に分かれている．一方，

ハザード管理プランのモニタリングについては，"8.5.4.3 CCPs における及び OPRPs に対するモニタリングシステム"において，すでに a）から e）の事項は決定されている．また，"8.8 PRPs 及びハザード管理プランに関する検証"においても，PRP やハザード管理プランの実施に伴うモニタリング及びハザード水準の測定についての結果を分析・評価する要求事項があり，上記の d），e）をすでに決定していることになる．

これら以外にモニタリング及び測定を要求している箇条については上記の a）のとおりである．しかし，リスク及び機会への取組みについて"6.1.2"の b) 2）に"その取組みの有効性の評価を計画しなければならない．"とあり，有効性を評価するためにはモニタリング又は測定が前提となっていると考えられる．これら以外にも，FSMS の有効性のために必要であると組織が決定したモニタリング及び測定があれば，ここに含めることができる．

9.1.2　分析及び評価

組織は，PRPs 及びハザード管理プラン（**8.8** 及び **8.5.4** 参照）に関する検証活動，内部監査（**9.2** 参照）並びに外部監査の結果を含めて，モニタリング及び測定からの適切なデータ及び情報を分析し，評価しなければならない．

分析は，次のために実施しなければならない．

a) システムの全体的パフォーマンスが，計画した取決め及び組織が定める FSMS の要求事項を満たしていることを確認する．
b) FSMS を更新又は改善する必要性を特定する．
c) 安全でない可能性がある製品又は工程の逸脱のより高い発生率を示す傾向を特定する．
d) 監査される領域の状況及び重要性に関する内部監査プログラムの計画のための，情報を確立する．
e) 修正及び是正処置が効果的であるという証拠を提供する．

分析結果及び分析の結果とられた活動は，文書化した情報として保持されなければならない．その結果はトップマネジメントに報告され，マネジメントレビュー（**9.3** 参照）及び FSMS の更新（**10.3** 参照）へのインプットとして使用されなければならない．

注記　データを分析する方法には，統計的手法が含まれ得る．

❖規格解説

　モニタリング及び測定から得られた，適切なデータ及び情報を分析及び評価することを要求している．これらのデータ及び情報には，前提条件プログラム（PRP）及びハザード管理プランに関する検証活動の結果，内部監査の結果及び外部監査の結果を含むことになる．ここでは，分析及び評価するためのインプットとなるデータ及び情報を規定している．要求事項としては"9.1.1 一般"と重複するが，分析及び評価の対象に，検証活動の結果，内部監査の結果及び外部監査の結果を含むことを明記している．

　分析する目的はa)からe)の五つある．それぞれの目的に沿った分析が行われた後は，分析結果に基づく評価を実施することになる．

　a) システムの全体的なパフォーマンスが満足できるものであることを確認する．トップマネジメントにとって満足できるものであると同時に，利害関係者にとっても満足してもらえるものであることを確認することになる．ここで分析及び評価を行うことは，9.1.1にある"FSMSのパフォーマンスを評価"することと同じ意味をもつ．

　b) FSMSを更新又は改善する必要性を特定する．ここで分析及び評価を行うことは，9.1.1にある"FSMSの有効性を評価"することと同じ意味をもち，評価した結果に基づき改善の必要性を特定することになる．

　c) 安全でない可能性がある製品は，"8.5.4.4 許容限界又は処置基準が守られなかった場合の処置"のa)によって発生が確認される．また，プロセスの逸脱は，"8.5.4.3 CCPsにおける及びOPRPsに対するモニタリングシステム"で発生が検出される．これらの発生率が高くなる傾向を示しているかどうかを確認する．ここでも，分析の結果，発生率が高くなる傾向を示していれば，何らかの改善を検討することになる．

　d) 内部監査プログラムを計画するための情報を確立する．つまり，分析の結果を用いて，監査対象の状況がどのようなものであるか，また監査対象の重要性から次回監査の対象にするかどうかを検討し，監査プログラムを計画することになる．

9 パフォーマンス評価

e) FSMS の活動として実施された,あらゆる修正及び是正処置が有効であったかどうか,その証拠を得る.

それぞれの目的に沿って実施された分析の結果及びその後に実施した活動を文書化した情報として保持することが必要である.その後に実施した活動とは,改善や更新が必要と判断された場合に,どのような改善をしたか,どのように更新したかといった処置の内容であり,d) であれば,作成された内部監査プログラムである.加えて,これらは"9.3.2 マネジメントレビューへのインプット"で要求される情報の一部にすると同時に,"10.3 食品安全マネジメントシステムの更新"へインプットすることになる.

❖具体的な考え方《9.1.2》

9.1.1 が HLS を引き継いだものであるのに対し,"9.1.2 分析及び評価"は FSMS に特化した要求事項となっている.加えて,序文に記載されている二つのレベルでの PDCA サイクルのつなぎ目のような役割を担っている.つまり図 2.4 で示すように,運用レベルでの C に該当する"8.8 PRPs 及びハザード管理プランに関する検証"のアウトプットが,システムレベルでの C に該当する 9.1.2 のインプットの一つとなり,マネジメントレビューを通して,システムレベルの A である"継続的改善"や"更新"につながる構図である.

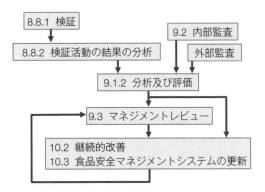

図 2.4 分析及び評価 (9.1.2) のインプット／アウトプット及び関連する箇条

9.2 内部監査

> **9.2 内部監査**
> **9.2.1** 組織は，FSMS が次の状況にあるか否かに関する情報を提供するために，あらかじめ定めた間隔で内部監査を実施しなければならない．
> a) 次の事項に適合している．
>   1) FSMS に関して，組織自体が規定した要求事項
>   2) この規格の要求事項
> b) 有効に実施され，維持されている．

❖規格解説

内部監査は，FSMS 全体をチェックする機能の一つとして要求事項に組み込まれている．その目的は a) と b) に示すように，活動の適合性及び有効性に関する情報を収集することである．また，"あらかじめ定めた間隔で実施"することを要求している．

a) 適合していることの確認として，
1) FSMS として組織自身が守るべきものとして決定したもの
2) この規格の要求事項

の二つが挙げられている．1) は，FSMS に関連した法令・規制要求事項，顧客の要求事項，組織自身が定めた要求事項がある．

b) 次にこれらが有効に実施されて，維持されていることの確認がある．維持されていることの意味には，更新されていることを含む．

このように，内部監査では FSMS を要求事項に従って効果的に実施していることと同時に，現在の状況に合わせて維持していることを確認する必要がある．

> **9.2.2** 組織は，次に示す事項を行わなければならない．
> a) 頻度，方法，責任，計画要求事項及び報告を含む，監査プログラムの計画，確立，実施及び維持．監査プログラムは，関連するプロセスの重要性，FSMS の変更，及びモニタリング，測定並びに前回までの監査の結果を考慮に入れなければならない．

b) 各監査について，監査基準及び監査範囲を定める．
c) 監査プロセスの客観性及び公平性を確保するために，力量のある監査員を選定し，監査を実施する．
d) 監査の結果を食品安全チーム及び関連する管理層に報告することを確実にする．
e) 監査プログラムの実施及び監査結果の証拠として，文書化した情報を保持する．
f) 合意された時間枠内で，必要な修正を行い，かつ，是正処置をとる．
g) FSMSが，食品安全方針の意図（**5.2**参照）及びFSMSの目標（**6.2**参照）に適合しているかどうかを判断する．

組織によるフォローアップ活動には，とった処置の検証及び検証結果の報告を含めなければならない．

注記 ISO 19011は，マネジメントシステムの監査に関する指針を示している．

❖規格解説

内部監査の具体的な実施方法について，a)からg)を挙げている．

a) 監査プログラムに含まれる事項として，監査の頻度，監査方法，監査の責任，監査計画を立案する場合の要求事項及び監査報告の方法がある．また，監査プログラムを計画する場合は，監査対象となるプロセスの重要性，FSMSの変更点，モニタリング及び測定の結果，並びに前回までの監査の結果を考慮する必要がある．このような監査プログラムを計画し，確立して実施し，維持するとは，監査プログラムについてのPDCAを回すことである．

b) 監査基準及び監査範囲を決める．これらについては監査プログラムに含めてもよい．

c) 客観性及び公平性を確保でき，かつ監査するだけの力量のある監査員を選定し，監査を実施する必要がある．ISO 19011では"監査員は監査対象から独立した立場であることが望ましい．それが難しい小規模組織の場合は，偏りをなくし，客観性を保つあらゆる努力を行うことが望ましい．"としている．

d) 監査の結果は，食品安全チーム及び監査対象となった部署の管理層に報告する．特に不適合が発見された場合は，対象部署の管理層に速やかに報告する必要がある．

e) 監査プログラムに基づいて内部監査を実施した結果を文書化した情報として保持する．d)の報告は口頭で行うものではなく，内部監査報告書によっ

て報告するのが通常であり，この情報を保持することになる．

f) 発見された不適合についての対応は，あらかじめ決められた期間内に必要な修正及び是正処置をとる必要がある．その手順は"10.1 不適合及び是正処置"を満足するものであると同時に，"10.1.2"に基づき，文書化した情報を保持することが必要である．

g) 食品安全方針の意図（5.2）及びFSMSの目標（6.2）に適合した活動が行われているかどうかの情報を，内部監査で収集する．これよって，方針の意図や目標に適合した活動が行われているかどうかを判断することになる．

❖具体的な考え方《9.2》

内部監査に関する要求はHLSに基づいており，他のISOマネジメントシステム規格（ISO 9001:2015やISO 14001:2015）のものとほぼ同じ内容である．内部監査は，従来のコーデックス委員会によるHACCPシステムでは検証に含まれていると考えられるが，むしろISOマネジメントシステムがもつ特徴的な活動であると考えるべきである．ここでは，内部監査についての"文書化された手順"の概念がないことに注意が必要である．代わって，"内部監査プログラムを計画し，確立し，実施して維持する．"という要求事項となっている．この点について，マネジメントシステムの監査に関する指針としてISO 19011があるので，参考にするとよい．

9.3 マネジメントレビュー

> **9.3 マネジメントレビュー**
> **9.3.1 一般**
> 　トップマネジメントは，組織のFSMSが，引き続き，適切，妥当かつ有効であることを確実にするために，あらかじめ定めた間隔で，FSMSをレビューしなければならない．

❖規格解説

マネジメントレビューはFSMSに関しての包括的評価である．"トップマネ

ジメントは"という書き出しからわかるように，トップマネジメントが責任をもって実施するものである．また"引き続き，適切，妥当かつ有効であること"とあるように，一定期間の継続した活動があることが前提となっている．そのため，マネジメントレビューはあらかじめ定めた間隔で実施される．レビューのためのインプット情報について"9.3.2 マネジメントレビューへのインプット"に詳細がある．トップマネジメントは，これら情報をもとにレビューすることによって，FSMS の適切，妥当かつ有効であることに少しでも疑念をもった場合，適切な処置を指示することになる．それが"9.3.3 マネジメントレビューからのアウトプット"に示されている．

❖ **具体的な考え方**《9.3.1》

マネジメントレビューはトップマネジメントが行うことになる．その参加者については特に定めはないが，"5.3.1"の b) で，FSMS のパフォーマンスをトップマネジメントに報告する責任を割り当てられた人及び"5.3.2"における食品安全チームリーダーは，トップマネジメントへの報告のために参加は必須である．実施の頻度についても"あらかじめ定めた間隔で"とあるのみで，特に規定はない．多くの組織では年に1回ないし2回を定例のマネジメントレビューと定めている．トップマネジメントが出席する月次の会議の中で，マネジメントレビューのための時間を設けるという方法もある．この場合は，月次の話題を扱うことによって，迅速な意思決定ができるというメリットがある反面，年間の活動を振り返ってトレンドを評価するといったパフォーマンス関係のレビューが欠落する可能性があり，注意を要する．

9.3.2　マネジメントレビューへのインプット
　　マネジメントレビューは，次の事項を考慮しなければならない．
a）　前回までのマネジメントレビューの結果とった処置の状況
b）　組織及びその状況の変化（**4.1** 参照）を含む，FSMS に関連する外部及び内部の課題の変化

c) 次に示す傾向を含めた，FSMS のパフォーマンス及び有効性に関する情報
　1) システム更新活動の結果（**4.4** 及び **10.3** 参照）
　2) モニタリング及び測定の結果
　3) PRPs 及びハザード管理プラン（**8.8.2** 参照）に関する検証活動の結果の分析
　4) 不適合及び是正処置
　5) 監査結果（内部及び外部）
　6) 検査（例えば，法律に基づくもの，顧客によるもの）
　7) 外部提供者のパフォーマンス
　8) リスク及び機会並びにこれらに取り組むためにとられた処置の有効性のレビュー（**6.1** 参照）
　9) FSMS の目標が満たされている程度
d) 資源の妥当性
e) 発生したあらゆる緊急事態，インシデント（**8.4.2** 参照）又は回収／リコール（**8.9.5** 参照）
f) 利害関係者からの要望及び苦情を含めて，外部（**7.4.2** 参照）及び内部（**7.4.3** 参照）のコミュニケーションを通じて得た関連情報
g) 継続的改善の機会
　データは，トップマネジメントが，FSMS の表明された目標に情報を関連付けられるような形で提出しなければならない．

❖規格解説

　マネジメントレビューで考慮する事項として次の a) から g) が挙げられている．"考慮する."となっているため，全部の内容を常に必要とするわけではない．毎回のマネジメントレビューでは，該当する事項に関する情報をインプットすることになる．

　a) 前回のマネジメントレビューからのアウトプットに関連して，とった処置の状況報告を要求している．前回のマネジメントレビューで出たトップからの指示事項についての状況報告であり，場合によっては更なる指示事項がアウトプットされるかもしれない．これによりマネジメントレビューとしての PDCA サイクルを回していくことになる．

　b) 組織及びその状況や FSMS に関連する外部及び内部の課題は，"4.1 組織及びその状況の理解"ですでに明確にしているが，これらの変化について報告することを要求している．これらの変化を捉えることによって，外部及び内

9 パフォーマンス評価

部の課題を再定義する必要があるかもしれない．この部分は 4.1 で要求している"これら外部及び内部の課題に関する情報を特定し，レビューし，更新しなければならない．"に相当する．

c) FSMS のパフォーマンス及び有効性に関する情報，つまり"9.1.1 一般"で評価した情報を要求している．また，1) から 9) で示す事項の傾向を含めるとしているが，これらは，FSMS のパフォーマンス及び有効性についてのいくつかの切り口を具体的に示したものである．1) は"4.4 食品安全マネジメントシステム"及び"10.3 食品安全マネジメントシステムの更新"と関連している．2) は 9.1.1 と関連している．3) 及び 5) は"9.1.2 分析及び評価"と関連している．4) は"10.1 不適合及び是正処置"と関連している．7) は"7.1.6 外部から提供されるプロセス，製品又はサービスの管理"と関連している．8) は"6.1 リスク及び機会への取組み"と関連している．9) は"6.2 食品安全マネジメントシステムの目標及びそれを達成するための計画策定"と関連している．

d) 必要な資源は"7.1 資源"で提供されている．現在の資源が妥当であるかどうかの情報を要求している．

e) "8.4.2 緊急事態及びインシデントの処理"及び"8.9.5 回収／リコール"と関連して，緊急事態，インシデント，回収及びリコールの情報を要求している．

f) "7.4.2 外部コミュニケーション"及び"7.4.3 内部コミュニケーション"と関連して，外部及び内部コミュニケーションで得た情報を要求している．トップマネジメントに報告すべき情報を取捨選択してインプットすることになる．

g) "10.2 継続的改善"と関連して，改善についての提案の情報を要求している．

上記の a) から g) の情報をデータとしてインプットする場合は，FSMS の目標に関連付けることができるように，トップマネジメントに対して提示する必要がある．特に c), e), f), g) に関するデータが目標に関連している場合はこれに該当する．

❖ 具体的な考え方《9.3.2》

インプットとして多くの事項が取り上げられているが，報告事項として漏れをなくすために，各事項を表にした様式を作り，毎回のマネジメントレビュー前に情報を記入して，インプット情報としてまとめている組織が多く見られる．月次でマネジメントレビューを実施するような場合には，毎回全部の情報を埋める必要はないが，1年の期間中には全部の事項が漏れなく報告されていることが必要である．

9.3.3　マネジメントレビューからのアウトプット

　マネジメントレビューからのアウトプットには，次の事項を含めなければならない．
a) 　継続的な改善の機会に関する決定及び処置
b) 　資源の必要性及び食品安全方針並びに FSMS の目標の改訂を含む，FSMS のあらゆる更新及び変更の必要性

　組織は，マネジメントレビューの結果の証拠として，文書化した情報を保持しなければならない．

❖ 規格解説

マネジメントレビューへのインプットを受けて，トップマネジメントの意思として，a) と b) の内容を含むアウトプットが必要である．

　a) インプット情報をレビューする中で発見した，マネジメントシステムを改善するための機会を決定し，継続的な改善のために必要な処置を決める．

　b) FSMS のあらゆる更新及び変更の必要性を決める．それには，資源の必要性，方針並びに目標の改訂を含む．

　マネジメントレビューを実施して，結果として a) と b) を満たすアウトプットがあったことの証拠として，文書化した情報を保持する必要がある．実際は，アウトプットのみならず"9.3.2 マネジメントレビューへのインプット"で示されたインプット情報も文書化した情報としてトップマネジメントに示されるので，それを併せて保持することになる．

❖具体的な考え方《9.3.3》

　システムのPDCAを考えた場合のAに当たる部分がマネジメントレビューからのアウトプットである．トップマネジメントが改善のための処置を指示し，更新及び変更の必要性を指示することになる．これらの指示事項に対して，その後どうなったかのフォローアップが，マネジメントレビューへのインプット（9.3.2）の"a）前回までのマネジメントレビューの結果とった処置の状況"に当たる．このように，トップマネジメントが指示した内容について，確実に実施できていることを，再度マネジメントレビューでチェックするという仕組みが組み込まれている．

10 改善

FSMS全体の枠組みを対象とした，いわゆるシステムレベルのPDCAを考えたとき，すでに"9.3.3 マネジメントレビューからのアウトプット"に改善のための処置（A）が含まれている．しかし実際は，マネジメントレビューだけが改善の役割を担っているわけではない．"10 改善"は，トップマネジメントの主導により改善及び更新に関する活動を行い，マネジメントレビューへのインプット情報をより充実させることを意図している．

10.1 不適合及び是正処置

---

10 改善

10.1 不適合及び是正処置

10.1.1 不適合が発生した場合，組織は，次の事項を行わなければならない．
a) その不適合に対処し，該当する場合には，必ず，次の事項を行う．
　1) その不適合を管理し，修正するための処置をとる．
　2) その不適合によって起こった結果に対処する．
b) その不適合が再発又は他のところで発生しないようにするため，次の事項によって，その不適合の原因を除去するための処置をとる必要性を評価する．
　1) その不適合をレビューする．
　2) その不適合の原因を明確にする．
　3) 類似の不適合の有無，又は発生する可能性を明確にする．
c) 必要な処置を実施する．
d) とったあらゆる是正処置の有効性をレビューする．
e) 必要な場合には，FSMSの変更を行う．
　是正処置は，検出された不適合のもつ影響に応じたものでなければならない．

❖規格解説

FSMSの中で，不適合が発生した場合に実施する必要がある事項をa)からe)で示している．

a) 発生した不適合への対応として実施する必要がある事項を二つ挙げている．"該当する場合"と限定しているため，全ての不適合にこれらが該当する

わけではない．しかし，該当する場合には必ず実施することを要求している．

　1) 不適合を管理する．つまり不適合の内容を理解して不適合がそれ以上拡大しないようにコントロールするための処置をとる．併せて，不適合を修正するための処置をとる．"3.9 修正"は"検出された不適合を除去するための処置"と定義されている．

　2) 修正によって不適合そのものが除去されても，一旦発生した不適合が何か他に影響しているかもしれない．そういった不適合がもたらした結果についても注意して，対処することを要求している．

　b) 不適合の原因を除去するための処置，つまり"是正処置"（3.10）が必要かどうかを評価する．そのためには次の三つの事項を明らかにする必要がある．

　1)　不適合の内容を見直し，再確認する．
　2)　不適合の原因を明確にする．
　3)　類似した不適合が現在もあるか，過去にあったか，また将来において再度発生する可能性があるかを明確にする．

　つまりここでは，発生した不適合について 1) から 3) をインプットとして評価し，原因を除去するための処置として何が必要か，またそれを実施するかどうかを決定することがアウトプットとなる．注意すべきことは，"他のところで再発しないようにするため"や"類似の"の記載である．いわゆる"水平展開"や"横展開"といわれる部分であるが，その処置の必要性についても同時に評価し，決定することになる．

　c) 必要と決めた処置を実施する．当然であるが，処置は不要という結論もあり得る．

　d) 是正処置は一つとは限らないので，とったあらゆる是正処置に対して有効性を評価することを要求している．ある程度の実施期間がないと有効性は判断できないため，処置の実施後，一定期間運用してから有効性を評価することになる．

　e) 必要であれば，FSMS の該当する部分を変更する．これも是正処置の一

つと考えられる．

是正処置の程度については，その不適合の影響に応じたものでよい．影響度の小さい不適合に，大がかりな是正処置は不要である．c)において処置が不要と判断する基準の一つをここで示している．

> **10.1.2** 組織は，次に示す事項の証拠として，文書化した情報を保持しなければならない．
> a) その不適合の性質及びそれに対してとったあらゆる処置
> b) 是正処置の結果

❖規格解説

不適合及び是正処置について保持が必要な文書化した情報については，次のとおりである．

a) 不適合の性質は，10.1.1 b) 1), 2), 3) で取り上げた不適合の内容及び原因などの情報である．とったあらゆる処置は，10.1.1 a) 1), 2) 及び 10.1.1 c) で取り上げた，不適合が発生した後に実施した処置についての情報である．

b) 是正処置の結果は，10.1.1 d) で有効性を評価するためのインプット情報であり，有効性の評価結果を含む．

❖具体的な考え方《10.1》

ハザード管理プランに対する不適合が発生した場合は，"8.5.4.4 許容限界又は処置基準が守られなかった場合の処置" と "8.9 製品及び工程の不適合の管理" で詳細な処置方法が決められているが，それは "10.1 不適合及び是正処置" の要求事項に詳細を追加したものとなっている．10.1 は，FSMS の運用全般に関わる不適合についての要求事項であることに注意する必要がある．

具体的には，内部監査で発見された不適合，コミュニケーションの不適合，前提条件プログラム（PRP）実施における不適合，検証活動で判明した不適合などがある．マネジメントレビューへのインプット（9.3.2）では c) 4) で不適

合及び是正処置の傾向を情報として求めている．これらについては，個々の不適合の詳細を報告する必要はないが，発生の傾向を幅広く把握してトップマネジメントに報告することが求められている．

10.2　継続的改善

> **10.2　継続的改善**
>   組織は，FSMSの適切性，妥当性及び有効性を継続的に改善しなければならない．
>   トップマネジメントは，コミュニケーション（**7.4**参照），マネジメントレビュー（**9.3**参照），内部監査（**9.2**参照），検証活動の結果の分析（**8.8.2**参照），管理手段及び管理手段の組合せの妥当性確認（**8.5.3**参照），是正処置（**8.9.3**参照）及びFSMSの更新（**10.3**参照）の使用を通じて，組織がFSMSの有効性を継続的に改善することを確実にしなければならない．

❖規格解説

"トップマネジメントは"で始まる要求事項であることから，継続的改善はトップマネジメントがリーダーシップを発揮しなければならない領域である．これは"5.1 リーダーシップ及びコミットメント"において，これらを実証する事項として"g) 継続的改善を推進する．"があることと関連している．ここで取り上げられた各箇条は，特に継続的改善につながる役割をもった要求事項である．適切性，妥当性の改善という意味において，"10.3 食品安全マネジメントシステムの更新"もまた，継続的改善の範疇に入るという考えを示している．

❖具体的な考え方《10.2》

"継続的改善"の定義は，"要求事項を満たす能力を高めるために繰り返し行われる活動"である．"10.2 継続的改善"では，ここで取り上げた各箇条の活動をトップマネジメントの指揮のもとに積極的に行うことを要求している．

10.3 食品安全マネジメントシステムの更新

> **10.3 食品安全マネジメントシステムの更新**
>
> 　トップマネジメントは，FSMS が継続的に更新されることを確実にしなければならない．これを達成するために，食品安全チームは，あらかじめ定めた間隔で FSMS を評価しなければならない．食品安全チームは，ハザード分析（**8.5.2** 参照），確立したハザード管理プラン（**8.5.4** 参照）及び，確立した PRPs（**8.2** 参照）のレビューが必要かどうかを考慮しなければならない．更新活動は，次の事項に基づいて行わなければならない．
> a) 内部及び外部コミュニケーションからのインプット（**7.4** 参照）
> b) FSMS の適切性，妥当性及び有効性に関するその他の情報からのインプット
> c) 検証活動の結果の分析からのアウトプット（**9.1.2** 参照）
> d) マネジメントレビューからのアウトプット（**9.3** 参照）
> 　システム更新の活動は，文書化した情報として保持され，マネジメントレビューへのインプット（**9.3** 参照）として報告されなければならない．

❖ 規格解説

　トップマネジメントは，FSMS が継続的に更新されていることに対して第一義的に責任をもつ．適切な更新を行うために，あらかじめ定めた間隔で FSMS の評価を実施することを食品安全チームに要求している．そのときには，特に"8.5.2 ハザード分析""8.5.4 ハザード管理プラン（HACCP/OPRP プラン）""8.2 前提条件プログラム（PRPs）"の各箇条の要求事項に該当する部分について，見直して更新する必要があるがどうか注意する必要がある．更新のための活動は，次の a) から d) の情報に基づいて行うことを要求している．

a) 内部・外部のコミュニケーションから得られた変更の情報
b) FSMS に関するその他の情報．a) と b) を併せて，FSMS に関する，内外の様々な最新情報が該当する．
c) "9.1.2 分析及び評価"で得られた分析結果についての情報．9.1.2 にある"FSMS の更新へのインプットとして使用"に関連している．
d) "9.3.3 マネジメントレビューからのアウトプット"の b) にある更新の必要性についての情報

　更新のための活動は，マネジメントレビューのインプットとしてトップマ

ネジメントに報告することになる．これは"9.3.2 マネジメントレビューへのインプット"の c) 1) にある"システム更新活動の結果"に関連している．また，文書化した情報として保持する必要がある．

❖具体的な考え方《10.3》

"トップマネジメントは"で始まる要求事項であることから，FSMS の更新もまたトップマネジメントがリーダーシップを発揮しなければならない領域である．"3.43 更新"において"最新情報の適用を確実にするための，即時の及び／又は計画された活動"と定義されているように，"更新"とは，内部・外部の変更に対して FSMS の該当する箇所を最新の情報に追従して変更する活動である．そこで実際の活動に当たるのは，食品安全チームであり，あらかじめ定めた間隔で FSMS の更新のための評価活動を実施する必要がある．

更新のための活動の結果がマネジメントレビューのインプットとなることについては，図 2.4（191 ページ参照）で示したとおりである．

参　　　考

附属書A（参考）CODEX HACCP とこの規格との対比
附属書B（参考）この規格と ISO 22000:2005 との対比
参考文献

附属書 A
(参考)
CODEX HACCP とこの規格との対比

表 A.1 － CODEX HACCP 原則及び適用の手順とこの規格の箇条との対比

CODEX HACCP 原則	CODEX HACCP の適用の手順[a]		この規格	
	HACCP チームの編成	ステップ 1	5.3	食品安全チーム
	製品の記述	ステップ 2	8.5.1.2	原料，材料及び製品に接触する材料の特性
			8.5.1.3	最終製品の特性
	意図した用途の特定	ステップ 3	8.5.1.4	意図した用途
	フローダイアグラムの作成	ステップ 4	8.5.1.5	フローダイアグラム及び工程の記述
	フローダイアグラムの現場での確認	ステップ 5		
原則 1 ハザード分析の実施	全ての潜在的ハザードの列挙	ステップ 6	8.5.2	ハザード分析
	ハザード分析の実施 管理手段の検討		8.5.3	管理手段及び管理手段の組合せの妥当性確認
原則 2 重要管理点（CCPs）の決定	CCPs の決定	ステップ 7	8.5.4	ハザード管理プラン
原則 3 許容限界の設定	各 CCP の許容限界の設定	ステップ 8	8.5.4	ハザード管理プラン
原則 4 CCP の管理状況をモニターするためのシステムの設定	各 CCP のモニタリングシステムの設定	ステップ 9	8.5.4.3	CCPs における及び OPRPs に対するモニタリングシステム

表 A.1 （続き）

CODEX HACCP 原則	CODEX HACCP の適用の手順[a]		この規格	
原則 5 モニタリングで特定の CCP が管理下にないことが判明した場合にとる是正処置の設定	是正処置の設定	ステップ 10	8.5.4 8.9.2 8.9.3	ハザード管理プラン 修正 是正処置
原則 6 HACCP システムが有効に働いていることを確認するための検証手順の設定	検証手順の設定	ステップ 11	8.7 8.8 9.2	モニタリング及び測定の管理 PRPs 及びハザード管理プランに関する検証 内部監査
原則 7 これらの原則及びその適用に関連する全ての手順及び記録の文書化方法の設定	文書及び記録保持の設定	ステップ 12	7.5	文書化した情報

[a] CODEX 出版物は，参考文献[12]を通じて入手できる．

附属書 B
(参考)
この規格と ISO 22000:2005 との対比

表 B.1 －主構成

この規格	ISO 22000:2005
4　組織の状況	新規見出し
4.1　組織及びその状況の理解	新規
4.2　利害関係者のニーズ及び期待の理解	新規
4.3　食品安全マネジメントシステムの適用範囲の決定	4.1（及び新規）
4.4　食品安全マネジメントシステム	4.1
5　リーダーシップ	新規見出し
5.1　リーダーシップ及びコミットメント	5.1, 7.4.3（及び新規）
5.2　方針	5.2（及び新規）
5.3　組織の役割，責任及び権限	5.4, 5.5, 7.3.2（及び新規）
6　計画	新規見出し
6.1　リスク及び機会への取組み	新規
6.2　食品安全マネジメントシステムの目標及びそれを達成するための計画策定	5.3（及び新規）
6.3　変更の計画	5.3（及び新規）
7　支援	新規見出し
7.1　資源	1, 4.1, 6.2, 6.3, 6.4（及び新規）
7.2　力量	6.2, 7.3.2（及び新規）
7.3　認識	6.2.2
7.4　コミュニケーション	5.6, 6.2.2
7.5　文書化した情報	4.2, 5.6.1
8　運用	新規見出し
8.1　運用の計画及び管理	新規
8.2　前提条件プログラム（PRPs）	7.2
8.3　トレーサビリティシステム	7.9（及び新規）

表 B.1 （続き）

この規格	ISO 22000:2005
8.4　緊急事態への準備及び対応	5.7（及び新規）
8.5　ハザードの管理	7.3，7.4，7.5，7.6，8.2（及び新規）
8.6　PRPs及びハザード管理プランを規定する情報の更新	7.7
8.7　モニタリング及び測定の管理	8.3
8.8　PRPs及びハザード管理プランに関する検証	7.8，8.4.2
8.9　製品及び工程の不適合の管理	7.10
9　パフォーマンス評価	新規見出し
9.1　モニタリング，測定，分析及び評価	新規見出し
9.1.1　一般	新規
9.1.2　分析及び評価	8.4.2，8.4.3
9.2　内部監査	8.4.1
9.3　マネジメントレビュー	5.8（及び新規）
9.3.1　一般	5.2，5.8.1
9.3.2　マネジメントレビューへのインプット	5.8.2（及び新規）
9.3.3　マネジメントレビューからのアウトプット	5.8.1，5.8.3
10　改善	新規見出し
10.1　不適合及び是正処置	新規
10.2　継続的改善	8.1，8.5.1
10.3　食品安全マネジメントシステムの更新	8.5.2

表 B.2 － 箇条 7：支援

この規格	ISO 22000:2005
7　支援	新規見出し
7.1　資源	6
7.1.1　一般	6.1
7.1.2　人々	6.2, 6.2.2（及び新規）
7.1.3　インフラストラクチャ	6.3
7.1.4　作業環境	6.4
7.1.5　外部で開発された食品安全マネジメントシステムの要素	1（及び新規）
7.1.6　外部から提供されるプロセス，製品又はサービスの管理	4.1（及び新規）
7.2　力量	6.2.1, 6.2.2, 7.3.2
7.3　認識	6.2.2
7.4　コミュニケーション	5.6
7.4.1　一般	6.2.2（及び新規）
7.4.2　外部コミュニケーション	5.6.1
7.4.3　内部コミュニケーション	5.6.2
7.5　文書化した情報	4.2
7.5.1　一般	4.2.1, 5.6.1
7.5.2　作成及び更新	4.2.2
7.5.3　文書化した情報の管理	4.2.2, 4.2.3（及び新規）

附属書 B

表 B.3 －箇条 8：運用

この規格	ISO 22000:2005
8　運用	新規見出し
8.1　運用の計画及び管理	7.1（及び新規）
8.2　前提条件プログラム（PRPs）	7.2
8.3　トレーサビリティシステム	7.9（及び新規）
8.4　緊急事態への準備及び対応	5.7
8.4.1　一般	5.7
8.4.2　緊急事態及びインシデントの処理	新規
8.5　ハザードの管理	新規見出し
8.5.1　ハザード分析を可能にする予備段階	7.3
8.5.1.1　一般	7.3.1
8.5.1.2　原料，材料及び製品に接触する材料の特性	7.3.3.1
8.5.1.3　最終製品の特性	7.3.3.2
8.5.1.4　意図した用途	7.3.4
8.5.1.5　フローダイアグラム及び工程の記述	7.3.5.1
8.5.1.5.1　フローダイアグラムの作成	7.3.5.1
8.5.1.5.2　フローダイアグラムの現場確認	7.3.5.1
8.5.1.5.3　工程及び工程の環境の記述	7.2.4，7.3.5.2（及び新規）
8.5.2　ハザード分析	7.4
8.5.2.1　一般	7.4.1
8.5.2.2　ハザードの特定及び許容水準の決定	7.4.2
8.5.2.3　ハザード評価	7.4.3，7.6.2（及び新規）
8.5.2.4　管理手段の選択及びカテゴリー分け	7.3.5.2，7.4.4（及び新規）
8.5.3　管理手段及び管理手段の組合せの妥当性確認	8.2
8.5.4　ハザード管理プラン（HACCP/OPRP プラン）	新規見出し
8.5.4.1　一般	7.5，7.6.1
8.5.4.2　許容限界及び処置基準の決定	7.6.3（及び新規）
8.5.4.3　CCPs における及び OPRPs に対するモニタリングシステム	7.6.3，7.6.4（及び新規）

表 B.3 （続き）

この規格	ISO 22000:2005
8.5.4.4　許容限界又は処置基準が守られなかった場合の処置	7.6.5
8.5.4.5　ハザード管理プランの実施	新規
8.6　PRPs及びハザード管理プランを規定する情報の更新	7.7
8.7　モニタリング及び測定の管理	8.3
8.8　PRPs及びハザード管理プランに関する検証	新規見出し
8.8.1　検証	7.8，8.4.2
8.8.2　検証活動の結果の分析	8.4.3
8.9　製品及び工程の不適合の管理	7.10
8.9.1　一般	7.10.1，7.10.2
8.9.2　修正	7.10.1
8.9.3　是正処置	7.10.2
8.9.4　安全でない可能性がある製品の取扱い	7.10.3
8.9.4.1　一般	7.10.3.1
8.9.4.2　リリースのための評価	7.10.3.2
8.9.4.3　不適合製品の処理	7.10.3.3
8.9.5　回収／リコール	7.10.4

参 考 文 献

［1］ **ISO 9000**:2015，品質マネジメントシステム―基本及び用語
［2］ **ISO 9001**:2015，品質マネジメントシステム―要求事項
［3］ **ISO 19011**，マネジメントシステム監査の指針
［4］ **ISO/TS 22002**（全ての部），食品安全の前提条件プログラム
［5］ **ISO/TS 22003**，食品安全マネジメントシステム―食品安全マネジメントシステムの審査及び認証を行う機関に対する要求事項
［6］ **ISO 22005**，飼料及びフードチェーンにおけるトレーサビリティ―システムの設計及び実施のための一般原則及び基本要求事項
［7］ **ISO Guide 73**:2009，リスクマネジメント―用語
［8］ **CAC/GL 60**-2006，食品検査及び認証システム内のツールとしてのトレーサビリティ／製品トレーシングの原則
［9］ **CAC/GL 81**-2013，飼料におけるハザードに優先順位を設けるための政府に対するガイダンス
［10］ **CAC/RCP 1**-1969，食品衛生の一般原則
［11］ **FAO/WHO** 食品規格合同プログラム，国際食品規格委員会：手順書，第25版，2016年
［12］ **Codex Alimentarius** 入手先：http://www.fao.org/fao-who-codexalimentarius/en/

索　引

A

acceptable level　46
action criterion　46
agent　57
animal food　54
audit　46

C

CAC/GL 69　70
can　31
CCP　50
communication　107
competence　47
conformity　47
contamination　48
continual improvement　48
control measure　48
correction　49
corrective action　50
critical control point　50
critical limit　51

D, E

documented information　51
effectiveness　52
eliminate　49
end product　52
ensure　31

F

FAO/WHO 食品合同規格委員会　35
feed　53
flow diagram　53
FMEA　22
food　54
　── chain　55
　── -producing animals　53
　── safety　55
　── safety hazard　56
　── safety objectives　62
FSMS の適用範囲　76
FSMS の PDCA サイクル　36

G

GAP　65, 124
GDP　65
GHP　65, 124
GMP　65, 124
GPP　65
GTP　65
GVP　65, 124

H

HACCP　38
　──システムの PDCA サイクル　35
　── 12 手順　23

──プラン　44
hazard control plan　44
HLS　17, 29
　──の目次　18

I

interested party　58
ISO 15161:2001　15
ISO 22000　15
　──:2005　16
　──:2018　20
　──の検討の経過　19
ISO 22005　27
ISO 22006　28
ISO 31000:2009　24
ISO MSS　17
　──上位構造の目次　18
ISO/TS 22002-1　25
ISO/TS 22002-2　26
ISO/TS 22002-3　26
ISO/TS 22002-4　26
ISO/TS 22002-5　26
ISO/TS 22002-6　26
　──:2016　22
ISO/TS 22002 シリーズ　39
ISO/TS 22003　27
　──:2007　16
　──:2013　21
ISO/TS 22004　27

J, L

JTCG　17
lot　58

M

maintain　69
management system　59
may　31
measurement　59
monitoring　59

N

nonconformity　61
non-food-producing animals　55
NWIP　15

O

object　69
objective　61
operational prerequisite programme　62
opportunity　24
OPRP　62
organization　63
outsource　63

P

PDCA サイクル　35
performance　64
　── index　64
policy　64
prerequisite programme　65
process　65
　── enviroment　148
product　66
PRP　65

R

raw materials　44
requirement　66
retain　69
rework　44
risk　24, 67

S

sequence of　60
shall　30
should　30
significant food safety hazard　68
SSOP　124
stakeholder　58
surroundings　148

T

TMB　17
top management　68
traceability　69
TS　27

U, V

update　69
validation　70
verification　70

あ

アウトプット　33
アクセス　120, 121
　――を管理する．　121
ある組織　63

い

維持　69
一連の　60
一般衛生管理プログラム　124
インプット　33
インフラストラクチャ　98

え

影響　67
衛生標準作業手順　124
疫学的な情報　147

お

汚染　48
オペレーション前提条件プログラム　62

か

改善　48
外部委託する　63
外部から提供される製品　103
外部コミュニケーション　107
外部の課題　72
確実　31
課題　72, 73
可用性　119

219

監査　46
　——基準　47
　——証拠　47
監視　59
完全性　119
管理手段　48
　——の組合せ　155

き

機会　24, 37, 89, 90
技術仕様書　27
規定要求事項　66
機密性　119
許容限界　51
許容水準　46, 51
許容できないもの　156
許容できるもの　156
記録　116
緊急事態　131
　——及びインシデントを管理するための手順　131

け

継続的　48
　——改善　48
検証　60, 70, 71
原料　44

こ

更新　69, 205
工程　65
　——の環境　148
コーデックス委員会　35

顧客満足の向上　31
故障モード影響分析　22

さ

サービス　66
再加工　44, 184
　——及び再利用　139
最終製品　52
更なる加工　184

し

し得る　31
事業　79
してもよい　31
しなければならない　30
修正　49, 50
重要管理点　50
重要な食品安全ハザード　68
上位構造　17, 29
使用するモニタリング機器　167
使用するモニタリング方法　167
情報　52
将来　67
除去　49
食品　53, 54, 55
＜食品安全＞　70
食品安全　55
　——ハザード　56
　——目標　62
　——リスク　67
食料安全保障　56
食料生産動物　53
処置　84

──基準　46
飼料　53, 54, 55
審査　20

す

推奨用語　58
ステークホルダー　58
することができる　31
することが望ましい　30

せ

製品　66
是正処置　50
前提条件プログラム　65

そ

相互コミュニケーション　32
測定　59
組織　63
　──の状況の理解　72
　──の戦略的方向性　80
組成　135

た，ち，つ

妥当性確認　60, 70, 71
注記　31
通常暗黙のうちに了解されている　66

て

適合　47
適正衛生規範　124
適正獣医規範　124
適正製造規範　124
適正農業規範　124
適正養殖規範　124
適用される処置　104
適用範囲を定める　77
できる　31
手直し　44
伝達（する）　107

と

動物用食品　53, 54, 55
トップマネジメント　68, 81
トレーサビリティ　69

な

内部監査　47
内部コミュニケーション　107
内部の課題　72
生の原料　44

は

ハイリスク・グループ　137
ハザード　36, 56
　──管理プラン　44
　──分析　22, 38
バッチ　58
パフォーマンス　64
　──インデックス　64

ひ

非食料生産動物　55
品質マネジメントシステムの構造　21

ふ

フードチェーン　55
複合監査　47
不確かさ　67
物品　69
不適合　61
フローダイアグラム　53
プロセス　33, 65, 173
文書　116
　——化した　52
　——化した情報　51

へ，ほ

変更によって起こり得る結果　95
方針　64
保管条件　136
保持　69
保存　116

ま

マネジメントシステム　59, 82
　——の適用範囲　59
マネジメントの原則　33

み，も

密接に関連する利害関係者　75

目標　61

モニタリング　59, 60, 70, 71

ゆ，よ

有効性　52
　——の評価　52
要求事項　66

り

利害関係者　58
力量　47
リスク　24, 36, 37, 56, 67
　——及び機会　37
　——及び機会に取り組む処置　89
　——源の除去　90
　——の起こりやすさ又は結果を変更する　90
　——の共有　90
　——の容認　90
　——分析　36
　——をとる　90

ろ

ロット　58

ISO 22000:2018 食品安全マネジメントシステム
要求事項の解説

2019 年 1 月 31 日　第 1 版第 1 刷発行
2022 年 6 月 25 日　　　　第 5 刷発行

監　　修　ISO/TC 34/SC 17 食品安全マネジメントシステム
　　　　　専門分科会
編　　著　湯川剛一郎
発 行 者　朝日　　弘
発 行 所　一般財団法人 日本規格協会
　　　　　〒 108-0073　東京都港区三田 3 丁目 13-12 三田 MT ビル
　　　　　　　　　　　https://www.jsa.or.jp/
　　　　　　　　　　　振替　00160-2-195146
製　　作　日本規格協会ソリューションズ株式会社
印 刷 所　株式会社平文社
製作協力　有限会社カイ編集舎

© Goichiro Yukawa, et al., 2019　　　　　Printed in Japan
ISBN978-4-542-40249-2

　　　● 当会発行図書，海外規格のお求めは，下記をご利用ください．
　　　　JSA Webdesk（オンライン注文）：https://webdesk.jsa.or.jp/
　　　　電話：050-1742-6265　　E-mail：csd@jsa.or.jp

図書のご案内

[2018年改訂対応]
やさしいISO 22000 食品安全マネジメントシステム構築入門

角野久史・米虫節夫　監修
A5判・206ページ　　定価 2,200 円（本体 2,000 円＋税 10％）

【主要目次】
- 第 1 章　Q＆Aで読み解く ISO 22000 入門
- 第 2 章　食品安全のなりたち―HACCP の誕生とその問題点
- 第 3 章　ISO 22000 と ISO 9001 の類似点と相違点
- 第 4 章　PRP（前提条件プログラム）のポイント
- 第 5 章　ISO 22000―構築方法とマニュアルの事例
- 第 6 章　ISO 22000 の今後―FSSC 22000 と JFSM

見るみる食品安全・HACCP・FSSC 22000
イラストとワークブックで要点を理解

深田博史・寺田和正　著
A5判・132ページ　　定価 1,100 円（本体 1,000 円＋税 10％）

【主要目次】
- 第 1 章　HACCP, ISO 22000, FSSC 22000 とは
- 第 2 章　見るみる FS モデル
　　　　―見るみる FSMS（食品安全マネジメントシステム）モデル
- 第 3 章　ISO 22000　食品安全マネジメントシステムの
　　　　重要ポイントとワークブック
- 第 4 章　ISO/TS 22002-1　重要ポイントとワークブック
- 第 5 章　FSSC 22000 第 5 版　追加要求事項
- 第 6 章　資料編

日本規格協会　　　　　https://webdesk.jsa.or.jp/